# 线性代数与空间解析几何实验

## （Python 版）

主　编　廉春波　沈　艳
副主编　凌焕章　王立刚

哈尔滨工程大学出版社
Harbin Engineering University Press

## 内容简介

本书简单地介绍了 Python 的基本概念和 Python 科学计算中常用的扩展包：NumPy、SciPy、Matplotlib、SymPy。

本书针对线性代数部分，对线性代数的主要知识点给出了大量实例，利用 NumPy、SciPy 和 SymPy 给出了两种处理方法，并包含示例代码；针对空间解析几何部分，利用 Matplotlib 给出了常见的二维图形和三维图形，并附有示例代码。本书最后列举了几个线性代数应用案例，通过 Python 科学计算包求解，并给出了示例代码。

全书完全采用 Jupyter Notebook 编写，保证所有代码及输出的正确性。本书适合作为大学本科线性代数实验参考教材，且不需要读者具备 Python 语言基础。

**图书在版编目（CIP）数据**

线性代数与空间解析几何实验：Python 版/廉春波，
沈艳主编. —哈尔滨：哈尔滨工程大学出版社，2020.9（2022.6 重印）
ISBN 978 - 7 - 5661 - 2812 - 6

Ⅰ. ①线… Ⅱ. ①廉… ②沈… Ⅲ. ①线性代数 - 实
验 - 高等学校 - 教材②立体几何 - 解析几何 - 实验 - 高等
学校 - 教材③软件工具 - 程序设计 - 实验 - 高等学校 - 教
材 Ⅳ. ①O151.2 - 33②O182.2 - 33③TP311.561 - 33

中国版本图书馆 CIP 数据核字（2020）第 183232 号

| | |
|---|---|
| 选题策划 | 史大伟 |
| 责任编辑 | 雷　霞 |
| 封面设计 | 博鑫设计 |

| | |
|---|---|
| 出版发行 | 哈尔滨工程大学出版社 |
| 社　　址 | 哈尔滨市南岗区南通大街 145 号 |
| 邮政编码 | 150001 |
| 发行电话 | 0451 - 82519328 |
| 传　　真 | 0451 - 82519699 |
| 经　　销 | 新华书店 |
| 印　　刷 | 哈尔滨市石桥印务有限公司 |
| 开　　本 | 787 mm × 960 mm　1/16 |
| 印　　张 | 10.75 |
| 字　　数 | 193 千字 |
| 版　　次 | 2020 年 9 月第 1 版 |
| 印　　次 | 2022 年 6 月第 3 次印刷 |
| 定　　价 | 28.00 元 |

http://www.hrbeupress.com
E-mail：heupress@ hrbeu.edu.cn

# 前　言

　　"以直代曲"是人们处理很多数学问题时一个很自然的思想。很多实际问题的处理,最后往往归结为线性问题的处理。线性代数是代数学的一个分支,主要处理线性关系问题。线性代数在工程技术和国民经济的许多领域都有着广泛的应用,是一门基本的和重要的学科。

　　1992 年,美国国家基金会资助 ATLAST(用软件工具增强线性代数教学)计划开始实施,至今已有 28 年,美国很多的线性代数教材、习题和作业都使用了MATLAB 软件。

　　哈尔滨工程大学(以下简称"我校")的"线性代数与空间解析几何"是黑龙江省级精品课程,2009 年该课程参加了教育部的"使用信息技术工具改造课程"项目。我校 2014 版本科教学培养方案中继续设置了 8 个学时的"线性代数与空间解析几何"实验课程。对本科生开设"线性代数实验"课程这一举措在东北高校尚属首例,青年教师们在实验授课中也积累了丰富的教学经验,我们的做法也得到了教育部专家和国内同行的高度认可。

　　在数学科学学院线性代数实验教学团队全体教师的共同努力下,自 2009 年起,在我校的 11 届大学一年级本科生的课程中,开设了"基于 MATLAB 软件的线性代数实验"课程。该课程的设立,使得学生从入校开始就能上机计算,提高了动手能力;对于学生日后的学习和科研工作、参加数学建模竞赛、本科毕业设计等,都打下了坚实的科学计算基础,学生从中受益良多。自 2020 级本科生起,我们代数实验教学团队将在原有 MATLAB 实验教学的工作经验基础上,面向全校大一本科生开设"基于 Python 语言的线性代数实验"课程。

　　Python 是 FLOSS(自由/开放源码软件)之一,是一种面向对象的、动态的程序设计语言,具有非常简洁而清晰的语法,适合完成各种高层任务。它既可以用来快速开发程序脚本,也可以用来开发大规模的软件。随着 NumPy、SciPy、Matplotlib 等众多扩展包的开发,Python 越来越适合做科学计算、绘制高质量的 2D 和 3D 图像。

　　本书不是讲解 Python 语法和编程的参考书,我们的重点是利用 Python 的扩展包,解决大学本科阶段线性代数中的一些问题。希望基于 Python 的实验课程能有效地提高学生学习"线性代数与空间解析几何"这门抽象课程的兴趣,加深学生对理论内容的理解。

最后,感谢线性代数实验教学组多年辛苦的付出,希望我们再接再厉!

编 者
2020 年 8 月

# 目　　录

# 第1章　Python 简介

## 1.1　什么是 Python

Python 是一种跨平台的计算机程序设计语言,是一种结合了解释性、编译性、互动性和面向对象的高层次的脚本语言。与其他流行语言相比,Python 易于学习,可以让用户很快具备生产力,当然,想要成为专家还得深入学习。

Python 是 20 世纪末,由 Guido van Rossum 在荷兰国家数学和计算机科学研究所设计出来的,所以说 Python 与科学计算有很深的渊源。Python 本身是由诸多其他语言发展而来的,包括 ABC、Modula – 3、C、C++、Algol – 68、SmallTalk、Unix shell 和其他的脚本语言。Python 源代码遵循 GPL(GNU General Public License)协议。Python 2.0 于 2000 年 10 月 16 日发布,增加了垃圾回收机制,并且支持 Unicode 编码。Python 3.0 于 2008 年 12 月 3 日发布,此版不完全兼容之前的 Python 源代码,不过很多新特性后来也被移植到旧的 Python 2.6/2.7 版本中。Python 2.7 被确定为最后一个 Python 2. x 版本,它除了支持 Python 2. x 语法外,还支持部分 Python 3.1 语法。本教程使用 Python 3.7 版本。

### 1.1.1　Python 的特点

目前 Python 已经成为最受欢迎的程序设计语言之一,主要有以下特点:

(1)简单易学、可读性强。Python 具有相对较少的关键字和明确定义的语法结构,所以其代码结构简单,能够使用户专注于解决问题本身,而不是去搞明白 Python 语法;Python 采用强制缩进的方式使得代码具有极佳的可读性。

(2)免费、开源。Python 是自由/开放源码软件(FLOSS)之一。简单地说,用户可以自由地发布这个软件的拷贝、阅读它的源代码、对它做改动、把它的一部分用于新的自由软件中。FLOSS 是基于一个团体分享知识的概念,是当今最好的开放、合作、国际化产品和开发样例之一,已经为全世界各大机构,包括政府、企业、学术研究和开源领域带来巨大的利益。

（3）是面向对象的高层次语言。Python 既支持面向过程也支持面向对象编程。在"面向对象"的语言中，程序是由属性和方法组合而成的对象构建起来的，与其他主要的语言，如 C++ 和 Java 相比，Python 以一种非常强大而又简单的方式实现面向对象编程。当使用 Python 语言编写程序时，还能体验到无须考虑诸如管理程序使用内存这一类的底层细节的高层次语言特性。

（4）具有可移植性、可扩展性。由于开源的本质，所有 Python 程序无须修改即可直接运行在各种平台上，例如 Linux、Windows、FreeBSD、Macintosh 等主流平台，甚至可以运行在 Google 基于 Linux 开发的 Android 平台上。如果需要程序中一段关键的代码运行得更快，可以用 C 或 C++ 编写，然后在 Python 程序中使用，这又体现出 Python 良好的可扩展性。

（5）具有丰富的包。Python 标准库很庞大，可以处理各种工作，包括正则表达式、文档生成、单元测试、线程、数据库、网页浏览器、CGI（公共网关接口）、FTP（文传协议）、电子邮件、XML、XML - RPC、HTML、WAV 文件、密码系统、GUI（图形用户界面）、Tk（Tk 是一个图形库，支持多个操作系统，会调用操作系统提供的本地 GUI 接口，完成最终的 GUI）和其他与系统有关的操作。只要安装了 Python，所有这些功能都是可用的。除标准库外，还有许多高质量的扩展包，例如，十分经典的与科学计算相关的扩展包：NumPy、SciPy、SymPy 和 Matplotlib；近年随着数据分析扩展包 Pandas、机器学习扩展包 Scikit-learn 以及 Jupyter Notebook 交互环境的日益成熟，Python 也逐渐成为数据分析领域的首选工具。另外，众多开源的科学计算软件包都提供了 Python 的调用接口，例如，计算机视觉包 OpenCV、三维可视化包 VTK、复杂网络分析包 igraph 等。

## 1.1.2　Python 的优点

科学计算领域首先想到的工具可能是 MATLAB。然而除了 MATLAB 的一些专业性很强的工具箱之外，绝大部分常用功能都可以在 Python 中找到相应的扩展包。与 MATLAB 相比，用 Python 做科学计算有如下优点：

（1）MATLAB 是一款商用软件，首先它不仅价格不菲，而且即使购买正版软件使用权，也会受到一些因素影响；其次是版权，mathworks 论坛活跃着很多用户，也有很多有价值的代码，但是版权归 mathworks 公司，要想使用必须获得它的授权。Python 是自由/开放源码软件，众多开源的科学计算包都提供了 Python 的调用接口。用户可以在任何计算机上免费安装 Python 及其绝大多数扩展包。

（2）Python 与 MATLAB 相比是一门更易学、更严谨的程序设计语言。它能让用户编写出更易读、更易维护的代码。

（3）MATLAB 主要专注于工程和科学计算，虽然进行数学计算的能力无可置疑，但是由于实际的科学计算、文件操作、界面设计等任务，MATLAB 在这些领域的功能较弱或者很麻烦。而 Python 有着丰富的扩展包，可以轻易完成各种高级任务，开发者可以用 Python 实现完整应用程序开发出所需的各种功能。

## 1.2　Python 环境搭建

自己动手搭建 Python 科学计算平台，逐个下载安装各个扩展包毕竟是一件麻烦的事情。Anaconda 是一款集成 Python 环境的开源发行版本，主要面向科学计算。Anaconda 预装了很多扩展包，其中就包括本书将要使用到的数值计算包 NumPy、SciPy，符号计算包 SymPy 和绘制图形包 Matplotlib。安装 Anaconda，可以到其官方网站 www. anaconda. com 选择相应的版本进行下载，网站上提供了安装教程。Anaconda 安装完成后，可以在开始菜单查看到安装信息，如图1 - 1 所示。

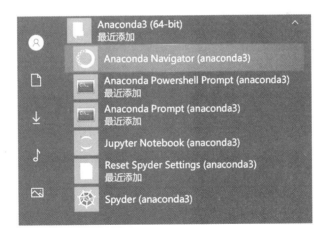

**图 1 -1　安装信息**

选择启动 Jupyter Notebook，如图 1 - 2 所示。
点击图 1 -2 右侧的 New，选择 Python3，如图 1 -3 所示。

**图 1 - 2　启动 Jupyter Notebook**

**图 1 - 3　选择 Python3**

出现 Web 编辑器，如图 1 - 4 所示。

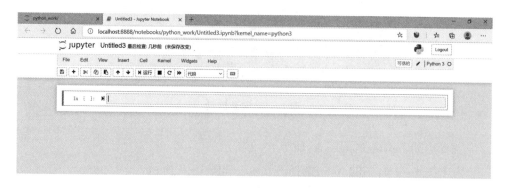

**图 1 - 4　Web 编辑器**

Jupyter Notebook 是基于网页用于交互计算的应用程序,可被应用于计算的全过程:开发、编写文档、运行代码和展示结果。编辑代码过程中,每次编辑一块代码或一条命令语句,就可以直接运行,结果会显示在代码下方,方便查看。例如输入代码 print('hello world!'),然后点击运行,或者使用快捷键 Shift + Enter,就可以得到运行结果,如图 1 – 5 所示。

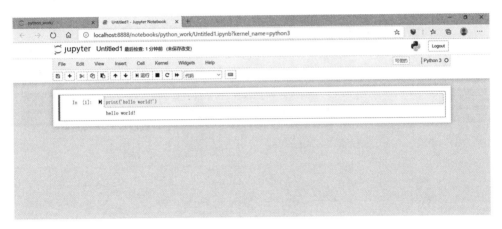

图 1 – 5 运行结果

当所有代码编写和运行完毕之后,可以直接把编辑和运行之后的所有信息保存在文件中。本书是在 Jupyter Notebook 环境下完成的。

也可以选择启动 Spyder。Spyder 是一个强大的交互式 Python 语言开发环境,提供代码编辑、交互测试、调试等功能,与其他的 Python 开发环境相比,它最大的特点是模仿 MATLAB 的"工作空间"的功能,可以很方便地观察和修改数组的值。Spyder 的界面(图 1 – 6)由许多窗格构成,用户可以根据自己的喜好调整它们的位置和大小。

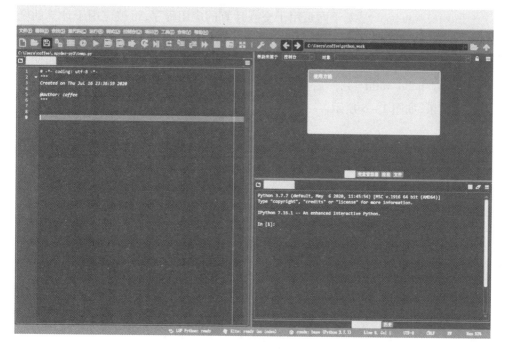

图 1−6　Spyder 的界面

# 1.3　Python 的基本概念

## 1.3.1　变量与常量

变量就是可以变化的量，是在程序中为了方便地引用内存中的值而为它取的名称。Python 中使用变量前要先定义。变量由三部分组成：变量名、赋值符号、值。例如：a = 8，"a"是变量名，"8"是变量的值，"="是赋值符号；"8"是要存储或者使用的数据，赋值符号"="用来将变量的值的内存地址绑定给变量名"a"。赋值操作并不会实际复制值，而是为变量值取一个相关的标识符，所以变量名仅仅是一个名字，是变量值的引用而不是变量值本身。变量名要符合一定的规则：第一个标识符必须是英文字母或下划线；标识符的其他部分由字母、数字和下划线组成；标识符区分大小写。在 Python3 中，可以用中文作为标识符。变量名的风格一般采用驼峰体或蛇形体。驼峰体是指变量名是一些单词的组合时，每个单词的第一个字母大写然后串联起来,例如 AgeOfTony = 18;蛇形体是指变量名用纯小写并用下划线将单词连接,例如 age_of_tony = 18。在 Python 中,变量名的命名推荐使用蛇形体。

　　Python 中存在关键字,关键字即保留字。不能把关键字用作任何变量的标识。Python 的标准库提供了一个 keyword 模块,可以输出当前版本的所有关键字,通过 import 导入模块 keyword,运行命令 keyword. kwlist,得到关键字列表:

```
[1]: import keyword
     print( keyword. kwlist)
```

[1]: ['False', 'None', 'True', 'and', 'as', 'assert', 'async', 'await', 'break', 'class', 'continue', 'def', 'del', 'elif', 'else', 'except', 'finally', 'for', 'from', 'global', 'if', 'import', 'in', 'is', 'lambda', 'nonlocal', 'not', 'or', 'pass', 'raise', 'return', 'try', 'while', 'with', 'yield']

　　常量是指在程序运行过程中不会改变的量。在 Python 中没有专门的语法定义常量,约定俗成使用全部大写的变量名表示常量,如:PI = 3. 14159,所以单从语法层面讲,常量的使用与变量完全一致。在有些 Python 扩展包中,一些数学和物理中的常量放在一个模块中,使用时直接调用即可。

### 1. 3. 2　数据类型

　　Python 里所有数据(整数、浮点数、复数、字符串等)、数据结构(列表、元组、字典等)都是以对象(object)形式存在的。对象可看成一个容器,例如,一个盒子。按盒子里装的内容可把对象分成不同的类型,例如,盒子里装的是整数,就称之为整数类型,简称整型。依此类推,还有浮点型、布尔型等,这些类型又可称为数字类型。数字类型连同数据结构统称为数据类型。Python3 中有 6 个标准的数据类型:数字(number)、字符串(string)、列表(list)、元组(tuple)、集合(set)、字典(dictionary)。对象的类型不仅决定了可以对它进行的操作,而且还决定了它装着的数据是允许被修改的变量,还是不可被修改的常量。6 个标准数据类型中,不可变数据类型为:数字、字符串、元组;可变数据类型为:列表、字典、集合。

#### 1. 数字

　　Python3 支持整数(int)、浮点数(float)、复数(complex)。用户可以对这些数字进行表 1 - 1 中的计算。

表1-1　Python3 可进行的运算

| 运算符 | 描述 | 示例 | 运算结果 |
|---|---|---|---|
| + | 加法 | 3 + 4 | 7 |
| - | 减法 | 3 - 4 | -1 |
| * | 乘法 | (3 + 2j) * (4 - 1j) | 14 + 5j |
| / | 浮点数除法 | 3/4 | 0.75 |
| // | 整除法 | 3//4 | 0 |
| % | 模（求余） | 3%4 | 3 |
| ** | 幂 | 3 ** 4 | 81 |

**2. 字符串**

字符串用单引号 ′ 或双引号 ″或是三个连续的单引号 ‴ 括起来创建,同时使用反斜杠 \ 转义特殊字符。加号 + 表示字符串的连接符,星号 *a 表示复制当前字符串,与之结合的数字 a 为复制的次数。例如:

[2]:
```
str1 = '我是第一个字符串'
print( str1 )
```

[2]:我是第一个字符串

[3]:
```
str2 = ″我是第二个字符串″
print( str2 )
```

[3]:我是第二个字符串

[4]:
```
str1 + str2 # 两个字符串连接
```

[4]:′我是第一个字符串我是第二个字符串′

[5]:
```
str1 * 5 # 字符串 str1 复制 5 次
```

[5]:′我是第一个字符串我是第一个字符串我是第一个字符串我是第一个字符串我是第一个字符串′

**3. 列表**

列表是最常用的 Python 数据类型,使用[ ]或 list( )创建列表。列表可以由零

个或多个元素组成,元素之间用逗号分开,整个列表被方括号所包裹。例如:

```
[6]: list1 = [1,2,3,4,5]
     list1
```

[6]: [1, 2, 3, 4, 5]

列表可以包含各种数据类型,当然也可包括其他列表,即可嵌套。

### 4. 元组

元组与列表类似,不同之处在于元组的元素不能修改,这意味着一旦元组被定义,将无法再进行增加、删除或修改元素等操作,因此元组就像是一个常量列表。元组创建很简单,只需要在小括号中添加元素,并使用逗号隔开即可。例如:

```
[7]: weekdays = ('Monday', 'Tuesday', 'Wednesday', 'Thursday', 'Friday')
     weekdays
```

[7]: ('Monday', 'Tuesday', 'Wednesday', 'Thursday', 'Friday')

元组可以包含各种数据类型。

### 5. 字典

字典与列表类似,但其中元素的顺序无关紧要,用大括号将一系列以逗号隔开的键值对 key:value 包裹起来即可进行字典的创建。例如:

```
[8]: dict = {'Monday':'星期一','Tuesday':'星期二','Wednesday':3,'Wednesday':'今天休息!'}
     dict
```

[8]: {'Monday':'星期一','Tuesday':'星期二','Wednesday':'今天休息!'}

其中 key 为'Monday','Tuesday','Wednesday',key 对应的 value 为'星期一','星期二','今天休息!',定义中若 key 重复,不会报错,但取最后一个值。

### 6. 集合

集合就像字典舍弃了 value 仅剩下 key 的字典一样。使用 set() 函数创建一个集合,或者用大括号将一系列以逗号隔开的值包裹起来。例如:

[9]: 
```
set1 = {1,4,7,2,5,8}
set1
```

[9]: {1, 2, 4, 5, 7, 8}

### 1.3.3 序列

序列是 Python 中最基本的数据结构。序列中的每个元素都分配一个数字，表示其在序列中的位置或索引，从左到右，第一个位置是 0，第二个位置是 1，依此类推。Python 有 6 个内置的序列，但最常见的是字符串、列表和元组。序列通用的操作包括：索引、切片、长度、组合（序列相加）、重复（乘法）、检查成员、遍历、最小值和最大值。

**1. 索引**

在序列名后面添加［ ］，并在括号里指定索引，可以提取该位置的单个元素。第一个元素（最左侧）的索引为 0，下一个是 1，依此类推。最后一个元素（最右侧）的索引也可以用 $-1$ 表示，这样就不必从头数到尾，此时索引从右到左紧接着为 $-2,-3$，依此类推。例如针对字符串、列表、元组进行索引：

[10]: 
```
str1 = 'Linear Algebra'
str1[3]
```

[10]: 'e'

[11]: 
```
list1 = [1, 2, 3, 4, 5, 6, 7, 8]
list1[4]
```

[11]: 5

[12]: 
```
tup = (10, 11, 12, 13, 14, 15, (3, 4, 5), [6, 7, 8])
tup[6]
```

[12]: (3, 4, 5)

**2. 切片**

在序列名后面添加［start:end:step］可对序列做切片。切片得到的子序列包含从 start 开始到 end 之前（不包括 end）按 step 选取的全部元素。方括号中，start 为起始索引，end 为终止索引，step 为可选的步长，其中一些可以省略。索引从左至右以 0 开始,依次增加;从右至左以 −1 开始,依次减小。如果省略 start,切片会默认使用索引 0;如果省略 end,切片会默认使用索引 −1。

- [ : ]:提取从开头到结尾的整个序列。
- [ start : ]:从 start 提取到结尾。
- [ :end ]:从开头提取到 end −1。
- [ start : end ]:从 start 提取到 end −1。
- [ start : end : step ]:从 start 提取到 end −1,每 step 个元素提取一个。

下面是针对字符串、列表、元组所做的切片。

```
[13]: str1 = 'Linear Algebra'
      str1[1:5]
```

[13]: 'inea'

```
[14]: list1 = [1, 2, 3, 4, 5, 6, 7, 8]
      list1[−1:−5:−1]
```

[14]: [8, 7, 6, 5]

```
[15]: tup = (10, 11, 12, 13, 14, 15, (3, 4, 5),[6,7,8])
      tup[4:]
```

[15]: (14, 15, (3, 4, 5), [6, 7, 8])

### 3. 长度

使用 Python 的内置函数 len( ) 计算序列包含元素个数。例如:

```
[16]: str1 = 'Linear Algebra'
      len(str1)
```

[16]: 14

```
[17]: list1 = [1, 2, 3, 4, 5, 6, 7, 8]
      len(list1)
```

[17]:8

```
[18]: tup = (10, 11, 12, 13, 14, 15, (3, 4, 5),[6, 7, 8])
      len(tup)
```

[18]：8

其他通用操作类似,序列通用操作如表1-2所示。

表1-2　序列通用操作

| 通用操作说明 | 说明 |
| --- | --- |
| [ ] | 索引 |
| [start：end：step] | 切片 |
| len( ) | 长度 |
| + | 序列组合 |
| * | 序列重复 |
| in( ) | 成员运算符——如果序列包含给定的元素,返回 True |
| not in( ) | 成员运算符——如果序列不包含给定的元素,返回 True |
| max( ) | 返回序列的最大元素 |
| min( ) | 返回序列的最小元素 |

## 1.3.4　模块、包

### 1. 模块与包的简介

在 Python 中,模块是实现某些特定功能的 Python 代码的一个文件,文件扩展名为 py。可以把多个模块组织成文件层次,称之为包。为了使 Python 应用更具扩展性,需要导入模块。导入模块不仅可以使用模块中已经写好的代码功能,而且可以增强程序的结构性和可维护性。另外,除了可以导入使用内置模块外,还可以导入第三方模块,使用第三方模块提供的功能。例如,本书经常导入 NumPy 包和 SciPy 包中的线性代数模块 linalg 来求解问题。

### 2. 模块与包的导入

模块与包的导入常用两种方式,一种是 import ×××,另一种是 from ××× import ％％％。使用 import ×××导入包或模块后,引用包中模块的名字都需要加上×××.作为前缀,而使用 from ××× import ％％％,则可以在当前执行文件中直接引用模块％％％的名字,例如以导入 Numpy 包中的模块 array 为例,生成一个二维数组,可采用如下操作,注意导入包的区别。

第一种导入方式:

```
[19]: import numpy
      numpy. array([[1, 2],[3, 4]])
```

```
[19]: array([[1, 2],
             [3, 4]])
```

这样就得到了正确的输出。若模块名前不加前缀,将产生错误,提示 array 没有被定义。

```
[20]: array([[1, 2],[3, 4]])
```

NameError                                              Traceback (most recent call last)

&lt; ipython − input − 7 − 5ca064b2ec1a &gt; in &lt; module &gt;

----&gt; 1 array([[1, 2],[3, 4]])

NameError: name ′array′ is not defined

第二种导入方式,不用加模块前缀:

```
[21]: from numpy import array
      array([[1, 2],[3, 4]])
```

```
[21]: array([[1, 2],
             [3, 4]])
```

为了输入的简便,有时还把导入的模块或者包名进行简记,例如 import numpy as np,as 后为包名的简记,这样在使用的时候可以做如下输入:

```
[22]: import numpy as np
      np. array([[1, 2],[3, 4]])
```

```
[22]: array([[1, 2],
             [3, 4]])
```

# 第2章  科学计算包简介

NumPy(Numerical Python)是 Python 进行科学计算的基础包,是一个运行速度非常快的数学库。它为 Python 带来了真正的多维数组功能,并且提供了丰富的函数来处理这些数组,主要包含:

(1)一个强大的 $n$ 维数组对象 ndarray;

(2)广播功能函数;

(3)整合 C、C++、Fortran 代码的工具;

(4)线性代数、傅里叶变换、随机数生成等功能。

SciPy 扩展包在 NumPy 基础上添加了众多科学计算所需的工具,其包含最优化、线性代数、积分、插值、特殊函数、快速傅里叶变换、信号处理、图像处理、常微分方程求解等科学与工程中常用的计算模块。它的核心计算部分都是一些久经考验的 Fortran 数值计算库,例如:

(1)线性代数使用 LAPACK 库;

(2)快速傅里叶变换使用 FFTPACK 库;

(3)常微分方程求解使用 ODEPACK 库;

(4)非线性方程组求解以及最小值求解等使用 MINPACK 库。

Matplotlib 是 Python 著名的绘图扩展包,它提供了一整套和 MATLAB 类似的绘图函数集,其中 Pyplot 模块十分适合快速绘图。

SymPy 是用于符号数学的扩展包。它旨在成为功能齐全的计算机代数系统。SymPy 包括基本符号算术、微积分、代数、离散数学和量子物理学的功能。虽然与一些专业的符号运算软件相比,SymPy 的功能较弱、运算速度较慢,但是由于它完全采用 Python 编写,从而能够很好地与其他科学计算扩展包结合使用。

通常 NumPy、SciPy 和 Matplotlib 一起使用,这种组合广泛用于替代 MATLAB,可以构造一个强大的科学计算环境。

# 2.1　NumPy 简介

NumPy 中最重要的对象是 $n$ 维数组 ndarray,它是整个包的核心对象,是描述相同类型元素的集合。ndarray 的结构并不复杂,但是功能却十分强大。NumPy 中所有的函数都是围绕 ndarray 对象进行处理的。NumPy 内置的函数大多是 ufunc 函数,并且都是用 C 语言实现的,因此它们的计算速度非常快。除了 ndarray 数组对象和 ufunc 函数之外,NumPy 还提供了大量对数组进行处理的函数,它们分属于不同的模块,处理相应领域的专业问题。充分利用这些函数,能够简化程序的结构,提高运算速度。

## 2.1.1　ndarray 对象

### 1. ndarray 对象创建

首先需要创建数组才能对其进行运算和操作。可以通过给 numpy. array( )函数传递 Python 的序列对象来创建数组,如果传递的是多层嵌套的序列,将创建多维数组。格式:numpy. array( object, dtype = None, copy = True, order = ′K′, subok = False,ndmin = 0)。

- object:序列对象,可以是列表、元组等序列以及嵌套,元素的数据类型要相同。
- dtype:数组元素的数据类型,可选。
- copy:对象是否需要复制,可选。
- order:{′K′,′A′,′C′,′F′},指定数组在内存中存储的顺序。
- subok:默认返回一个与基类类型一致的数组。
- ndmin:指定生成数组的最小维度。

```
[23]: np. array([1, 2, 3, 4])
```

```
[23]: array([1, 2, 3, 4])
```

```
[24]: np. array([[1, 2],[3, 4],[5, 6]])
```

```
[24]: array([[1,  2],
             [3,  4],
             [5,  6]])
```

[25]: np. array([[1, 2, 3, 4],[5, 6, 7, 8]])

[25]: array([[1, 2, 3, 4],
          [5, 6, 7, 8]])

### 2. NumPy 数组属性

设 arr 是一个 ndarray 对象，NumPy 数组中比较重要的 ndarray 对象属性如表2 - 1 所示。

表 2 - 1  NumPy 数组中比较重要的 ndarray 对象属性

| 属性 | 说明 |
|---|---|
| arr. ndim | 数组的秩，即轴的数量或维度的数量 |
| arr. shape | 数组的形状，用元组$(m, n, \cdots)$表示，对于二维数组，可看成是矩阵的形状，$m$ 行 $n$ 列 |
| arr. size | 数组元素的总个数，相当于 arr. shape 元组中各元素的乘积值 |
| arr. dtype | arr 的元素类型 |
| arr. itemsize | arr 中每个元素占用内存的大小，以字节为单位 |
| arr. flags | arr 的内存信息 |
| arr. real | arr 元素的实部 |
| arr. imag | arr 元素的虚部 |

NumPy 数组的维数称为秩（rank），秩就是轴的数量，即数组的维度，一维数组的秩为1，二维数组的秩为2，与线性代数中矩阵的秩是完全不同的概念。

[26]: import numpy as np
A = np. array([[1, 2, 3, 4, 5],[6, 7, 8, 9, 10]])
A

[26]: array([[ 1,  2,  3,  4,  5],
          [ 6,  7,  8,  9, 10]])

[27]: A. ndim

[27]: 2

[28]: A. shape

[28]: (2, 5)

[ 29 ] : A. size

[ 29 ] : 10

[ 30 ] : A. dtype

[ 30 ] : dtype('int32')

[ 31 ] : A. itemsize

[ 31 ] : 4

[ 32 ] : A. flags

[ 32 ] : C_CONTIGUOUS ：True
F_CONTIGUOUS ：False
OWNDATA ：True
WRITEABLE ：True
ALIGNED ：True
WRITEBACKIFCOPY ：False
UPDATEIFCOPY ：False

### 3. 自动生成数组

前面的例子都是先创建一个 Python 的序列对象,然后通过 numpy. array( )将其转换为数组,这样做显然效率不高。因此 NumPy 提供了很多专门用于创建数组的函数。

（1）arange 函数

通过指定开始值、终值和步长来创建表示等差数列的一维数组,注意所得到的结果中不包含终值。

[ 33 ] : np. arange( 0, 2, 0. 2)

[ 33 ] : array([0. , 0. 2, 0. 4, 0. 6, 0. 8, 1. , 1. 2, 1. 4, 1. 6, 1. 8])

（2）linspace 函数

通过指定开始值、终值和元素个数来创建表示等差数列的一维数组,可以通过 endpoint 参数指定是否包含终值,默认值为 True,即包含终值。

[34]: np. linspace(0, 2, 11)

[34]: array([0. , 0.2, 0.4, 0.6, 0.8, 1. , 1.2, 1.4, 1.6, 1.8, 2. ])

（3）全零数组

numpy. zeros 创建指定大小的数组，数组元素以 0 来填充：numpy. zeros( shape, dtype = float, order = 'C')，数组的形状 shape 用一维元组或列表指定。

[35]: np. zeros([5])

[35]: array([0. , 0. , 0. , 0. , 0. ])

[36]: np. zeros((2, 5))

[36]: array([[0. , 0. , 0. , 0. , 0. ],
        [0. , 0. , 0. , 0. , 0. ]])

（4）全 1 数组

numpy. ones 创建指定形状的数组，数组元素以 1 来填充：numpy. ones( shape, dtype = None, order = 'C')，数组的形状 shape 用一维元组或列表指定。

[37]: np. ones([2,5])

[37]: array([[1. , 1. , 1. , 1. , 1. ],
        [1. , 1. , 1. , 1. , 1. ]])

（5）范德蒙矩阵

numpy. vander 函数用于生成一个范德蒙矩阵，格式：numpy. vander( x, N = None, increasing = False)。

- x：表示一维类数组。
- N：整数，表示生成的二维数组的列数，不指定将生成方形二维数组。
- increasing：布尔型，如果取 True，列的幂指数由左到右递增。

[38]: a = [1, 2, 3, 4]
      np. vander( a, increasing = True)

[38]: array([[1,  1,  1,   1],
        [1,  2,  4,   8],

$$[1, \ 3, \ 9, \ 27],$$
$$[1, \ 4, \ 16, \ 64]])$$

（6）对角矩阵

numpy. diag 函数用于提取矩阵的对角线元素或生成一个对角矩阵，格式：numpy. diag(x,k=0)。

• x：类数组。如果 x 是一维数组，将会生成一个以 x 为第 k 条对角线的二维数组；若 x 为二维数组，则返回一个一维数组，数组元素为二维数组的第 k 条对角线元素。

• k：整数。k 指定对角线位置，默认为 0。k > 0，表示主对角线上方；k < 0，表示主对角线下方。

```
[39]: a = [1, 2, 3, 4]
      np. diag(a,1)
```

```
[39]: array([[ 0,  1,  0,  0,  0],
             [ 0,  0,  2,  0,  0],
             [ 0,  0,  0,  3,  0],
             [ 0,  0,  0,  0,  4],
             [ 0,  0,  0,  0,  0]])
```

```
[40]: np. diag(np. diag(a,1))
```

```
[40]: array([0, 0, 0, 0, 0])
```

另外还可以利用 numpy. trace 获取数组指定对角线的迹，即数组对角线元素的和，格式：numpy. trace(x,offset=0,axis1=0,axis2=1,dtype=None,out=None)。

• x：输入数组，如果 x 是二维数组，返回由 offset 指定对角线的元素和，如果是大于二维的数组，则由 axis1 和 axis2 确定一个二维子数组，计算子数组的迹，默认情况下 axis1=0,axis2=1，返回数组的形状和数组 x 去掉 axis1 轴和 axis2 轴的形状相同。

• offset：整数，指定对角线相对于主对角线的偏移量，默认取 0。

```
[41]: x = np. ones((4, 4))
      np. trace(x)
```

[41]: 4.0

[42]: 
```
y = np. ones((4, 4, 4))
np. trace(y)
```

[42]: array([4., 4., 4., 4.])

（7）full

将数组元素初始化为指定的值：numpy. full ( shape, fill _ value, dtype = None, order = 'C' )。

[43]:
```
np. full([2, 4],8)
```

[43]: array([[8, 8, 8, 8],
    [8, 8, 8, 8]])

此外，zeros_like（ ）、ones_like（ ）、full_like（ ）等函数创建与参数数组的形状和类型相同的数组。

[44]:
```
A = np. array([[1, 2, 3, 4, 5],[6, 7, 8, 9, 10]])
np. ones_like(A)
```

[44]: array([[1, 1, 1, 1, 1],
    [1, 1, 1, 1, 1]])

### 4. NumPy 索引和切片

NumPy 产生的数组对象 ndarray，可以通过索引和切片读取或修改数据。ndarray 数组可以基于下标进行索引，从原数组中切割出一个新数组。一维数组时可以采用下述方式进行索引和切片：

- ndarray. [ int ]：用整数作为下标进行索引，可以获取数组中的某个元素。
- ndarray. [ start:end ]：用切片作为下标获取数组的一部分，包括 ndarray[ start ]，但不包括 ndar - ray[ end ]。
- ndarray. [ :end ]：切片中省略开始下标，表示从 ndarray[ 0 ]开始。
- ndarray. [ : - 1 ]：表示取数组除最后一个元素外的所有元素，下标可以使用负数，表示从数组最后往前数。

[45]: 
```
A = np. arange(10)
A
```

[45]: array([0, 1, 2, 3, 4, 5, 6, 7, 8, 9])

[46]: 
```
A[5]
```

[46]: 5

[47]: 
```
A[3:5]
```

[47]: array([3, 4])

[48]: 
```
A[:5]
```

[48]: array([0, 1, 2, 3, 4])

[49]: 
```
A[:-1]
```

[49]: array([0, 1, 2, 3, 4, 5, 6, 7, 8])

需要注意的是,通过切片获取的新的数组是原始数组的一个视图,它与原始数组共享同一块数据存储空间,如果修改切片获取的数组,原数组也会发生改变。

[50]: 
```
A = np. arange(10)
B = A[:5]
print(A)
print(B)
```

[0 1 2 3 4 5 6 7 8 9]

[0 1 2 3 4]

[51]: 
```
B[0] = 100 # 修改数组 B 的第一个元素为 100
print(B)
print(A)
```

[100  1  2  3  4]

[100  1  2  3  4  5  6  7  8  9]

多维数组的存取和一维数组类似,因为多维数组有多个轴,所以它的下标需要用多个值来表示。

NumPy 采用元组作为数组的下标，元组中的每个元素和数组的每个轴对应。

```
[52]: A = np. array([[[1,2,3,4,5],[6,7,8,9,10]],[[11,12,13,14,15],[16,17,18,19,20]]])
print( A)
A. shape
```

```
[[[ 1  2  3  4  5]
  [ 6  7  8  9  10]]

 [[11  12  13  14  15]
  [16  17  18  19  20]]]
```

[52]: (2, 2, 5)

这是一个三维数组，有三个轴，从左到右分别为第 0 轴，第 1 轴，第 2 轴，并且第 0 轴含有 2 个元素，第 1 轴含有 2 个元素，第 2 轴含有 5 个元素，规定最后一轴的方向是从左到右，而其余轴的方向是从上到下。元素 10 的下标为(0,1,4)。

```
[53]: A[(0,1,4)]
```

[53]: 10

```
[54]: A[0,]  # 取出第 0 轴的第一个元素,0, 等价于元组 (0)。
```

```
[54]: array([[ 1,  2,  3,  4,  5],
             [ 6,  7,  8,  9,  10]])
```

```
[55]: A[(0,1)] # 取出第 0 轴第一个元素,然后再取出第 1 轴的第 2 个元素。
```

[55]: array([ 6, 7, 8, 9, 10])

```
[56]: A[0,1]  # 与上面的结果相同,元组的本质是用逗号隔开的一些元素序列。
```

[56]: array([ 6, 7, 8, 9, 10])

## 5. NumPy 高级索引

NumPy 比一般的 Python 序列提供更多的索引方式。除了之前看到的用整数和切片的索引外，数组还可以由整数列表、整数数组、布尔数组进行索引。当使用整数列表对数组元素进行索引时，列表中的每个元素作为下标。使用列表作为下标得到的数组不和原始数组共享数据。

```
[57]: A = np. arange(10)
      print(A)
```

[0 1 2 3 4 5 6 7 8 9]

```
[58]: B = A[[1, 3, 5]]
      print(B)
```

[1, 3, 5]

```
[59]: B[0] = 100
      print(B)
      print(A)
```

[100  3  5]

[0 1 2 3 4 5 6 7 8 9]

当使用整数数组作为数组下标时,将得到一个形状和下标数组相同的新数组,新数组的每个元素都是用下标数组中对应位置的值作为下标从原数组获得的值。当下标数组是一维数组时,结果和用列表作为下标的结果相同;而当下标是多维数组时,得到的也是多维数组。

```
[60]: A = np. linspace(0,2,11)  #定义两个数组
      x = np. array([1,3,3,1])
      y = np. array([[1,3,3,1],[7,8,9,0]])
      print(A)
      print('--' * 20)
      print(x)
      print('--' * 20)
      print(y)
```

[0.   0.2 0.4 0.6 0.8 1.   1.2 1.4 1.6 1.8 2. ]

------------------------

[1 3 3 1]

------------------------

[[1 3 3 1]

[7 8 9 0]]

[61]: A[x]#　以数组 x 作为下标进行索引

[61]: array([0.2, 0.6, 0.6, 0.2])

[62]: A[y]#　以数组 y 作为下标进行索引

[62]: array([[0.2, 0.6, 0.6, 0.2],
            [1.4, 1.6, 1.8, 0. ]])

### 6. NumPy 数组操作

NumPy 中包含一些用于处理数组的函数,大概可分为以下几类:修改数组形状、翻转数组、修改数组维度、连接数组、分割数组、数组元素的添加与删除等。

（1）修改数组形状（表 2－2）

**表 2－2　修改数组形状函数**

| 函数 | 描述 |
|---|---|
| numpy. reshape | 不改变数据的条件下修改形状 |
| numpy. ravel | 展开原数组为一维数组,数据为原数组的视图 |
| ndarray. flatten | 返回原数组的一维数组拷贝,对拷贝所做的修改不会影响原始数组 |

①numpy. reshape 函数可以在不改变数据的条件下修改形状,格式:numpy. reshape( a, newshape, order = $'C'$ )。

- a:要修改形状的数组。
- newshape:整数或者整数元组,新的形状应当兼容原有形状。
- order: $'C'$表示按行,$'F'$表示按列,$'A'$表示原顺序,可选参数。

[63]: a = np. zeros((2, 10))
print('原始数组为:\n',a)
b = np. reshape(a,(4, 5))
print('修改后的数组为:\n',b)

原始数组为:
[[0. 0. 0. 0. 0. 0. 0. 0. 0. 0.]
[0. 0. 0. 0. 0. 0. 0. 0. 0. 0.]]

修改后的数组为：

```
[[0. 0. 0. 0. 0.]
 [0. 0. 0. 0. 0.]
 [0. 0. 0. 0. 0.]
 [0. 0. 0. 0. 0.]]
```

另外，ndarray 对象具有方法 ndarray.reshape()，可以如下使用 ndarray 对象的方法修改数组形状。

```
[64]: a.reshape((4,5))
```

```
[64]: array([[0., 0., 0., 0., 0.],
             [0., 0., 0., 0., 0.],
             [0., 0., 0., 0., 0.],
             [0., 0., 0., 0., 0.]])
```

②numpy.ravel()用于展平数组元素，顺序通常是"C 风格"，返回的是数组视图，修改会影响原始数组。格式：numpy.ravel(a, order)。

● a：原始数组。

● order：'C'表示按行，'F'表示按列，'A'表示原顺序，'K'表示元素在内存中的出现顺序，元素展开的顺序。

```
[65]: A = np.arange(12).reshape((3,4))
      print(A)
```

```
[[ 0  1  2  3]
 [ 4  5  6  7]
 [ 8  9 10 11]]
```

```
[66]: numpy.ravel(A)
```

```
[66]: array([0, 1, 2, 3, 4, 5, 6, 7, 8, 9, 10, 11])
```

ndarray 对象具有方法 ndarray.ravel()。

```
[67]: A.ravel()
```

```
[67]: array([0, 1, 2, 3, 4, 5, 6, 7, 8, 9, 10, 11])
```

③flatten 可由 ndarray 对象方法 ndarray.flatten( ) 返回一份原数组展开成一维数组拷贝,对拷贝所做的修改不会影响原始数组。

```
[68]: A = np.arange(12).reshape((3,4))
      print(A)
```

```
[[ 0  1  2  3]
 [ 4  5  6  7]
 [ 8  9  10  11]]
```

```
[69]: A.flatten( )
```

```
[69]: array([ 0,  1,  2,  3,  4,  5,  6,  7,  8,  9,  10,  11])
```

```
[70]: A.flatten(order = 'F')
```

```
[70]: array([ 0,  4,  8,  1,  5,  9,  2,  6,  10,  3,  7,  11])
```

（2）翻转数组（表2-3）

表2-3　翻转数组函数

| 函数 | 描述 |
| --- | --- |
| numpy.transpose | 对换数组的维度 |
| numpy.rollaxis | 向后滚动指定的轴 |
| numpy.swapaxes | 对换数组的两个轴 |

numpy.transpose 函数用于对换数组的维度,格式:numpy.transpose(a,axes)。

- a:要操作的数组。

- axes:整数列表,对应维度,默认情况下颠倒维度,否则根据给定的值排列轴。

```
[71]: A = np.arange(12).reshape((3,4))
      print('原数组为:\n',A)
      B = np.transpose(A)
      print('对换维度后的数组为:\n',B)
```

原始数组为:

[[0  1  2  3]

[4　5　6　7]

[8　9　10　11]]

对换维度后的数组为:

[[0　4　8]

[1　5　9]

[2　6　10]

[3　7　11]]

ndarray.transpose()可作为数组对象方法使用,也可使用数组对象属性 ndarray.T 达到同样效果,当数组为二维数组时,相当于矩阵转置。

```
[72]:  A.transpose()
       # A.T
```

```
[72]:  array([[ 0,  4,  8],
              [ 1,  5,  9],
              [ 2,  6, 10],
              [ 3,  7, 11]])
```

(3)数组连接(表2-4)

表2-4　数组连接函数

| 函数 | 说明 |
| --- | --- |
| numpy.concatenate | 沿现有轴连接数组序列 |
| numpy.stack | 沿新轴加入一系列数组 |
| numpy.hstack | 水平堆叠序列中的数组(列方向) |
| numpy.vstack | 竖直堆叠序列中的数组(行方向) |

①numpy.concatenate 函数用于沿指定轴连接相同维数的两个或多个数组,格式:numpy.concatenate((a1,a2,…),axis)。

● a1,a2,…:数组序列,具有相同的维数,同时除了在指定合并轴的方向外还得具有相同的形状。

● axis:整数,指定合并的轴方向,默认为0。

[73]: 
```
a = np.array([[1, 2], [3, 4]])
b = np.array([[5, 6]])
np.concatenate((a, b), axis = 0)
```

[73]: array([[1, 2],
        [3, 4],
        [5, 6]])

除了在指定合并轴的方向外，形状不同将会产生错误。

[74]: 
```
a = np.array([[1, 2], [3, 4]])
b = np.array([[5, 6]])
np.concatenate((a, b), axis = 1)
```

    ValueError                                    Traceback (most recent call last)

    < ipython – input – 74 – f897f718dbf2 > in < module >
      1 a = np.array([[1, 2], [3, 4]])
      2 b = np.array([[5, 6]])
----> 3 np.concatenate((a, b), axis = 1)
    < __array_function__ internals > in concatenate( *args, ** kwargs)

    ValueError：all the input array dimensions for the concatenation axis must exactly, but along dimension 0, the array at index 0 has size 2 and the array at index 1 has size 1

另外，ndarray 对象没有 concatenate 方法，即

[75]: `a.concatenate(b, axis = 0)`

    AttributeError                                Traceback (most recent call last)

    < ipython – input – 75 – e6251ef03404 > in < module >
----> 1 a.concatenate(b, axis = 0)

    AttributeError：'numpy.ndarray' object has no attribute 'concatenate'

②numpy.stack 函数用于沿新轴合并数组序列，格式：numpy.stack(arrays, axis)。

- arrays:具有相同形状的数组序列。
- axis:整数,默认取 0,输出数组中输入数组堆叠的轴。

[76]:
```
a = np. array([1,2])
b = np. array([5,6])
np. stack((a,b),axis = 1)
```

[76]: array([[1,5],
          [2,6]])

[77]:
```
a = np. array([1,2])
b = np. array([5,6])
np. stack((a,b),axis = 0)
```

[77]: array([[1,2],
          [5,6]])

③numpy. hstack 函数和 numpy. vstack 函数可以将多个维度相同的数组合并成一个更大的数组。前者在行方向上合并,后者在列方向上合并。

(4)数组元素的添加与删除(表 2 – 5)

表 2 – 5  数组元素的添加与删除函数

| 函数 | 说明 |
| --- | --- |
| numpy. resize | 返回指定形状的新数组 |
| numpy. append | 将值添加到数组末尾 |
| numpy. insert | 沿指定轴将值插入指定下标之前 |
| numpy. delete | 删掉某个轴的子数组,并返回删除后的新数组 |
| numpy. unique | 查找数组内的唯一元素 |

①numpy. resize 函数返回指定大小的新数组。如果新数组大小大于原始大小,则包含原始数组中的元素的副本。格式:numpy. resize(a,shape)。

- a:要修改大小的数组。
- shape:返回数组的新形状。

②numpy. append 函数在数组的末尾添加值。追加操作拷贝一个数组,并把值追加到拷贝的数组中。格式:numpy. append(a,values,axis = None)。

- a：输入数组。
- values：类数组，要向 a 添加的值。
- axis：默认为 None，此时对于数组 a 和 values 的维数没有要求，返回总是为一维数组。当 axis 指定时，要求 a 和 values 具有相同的维数，例如当 axis = 0 时候，0 轴方向添加（列数要相同）；当 axis = 1 时，数组是在 1 轴方向添加（行数要相同）。

```
[78]: A = np.array([[1,2,3],[4,5,6]])
      b = np.array([7,8,9])
      np.append(A,b)
```

[78]: array([1, 2, 3, 4, 5, 6, 7, 8, 9])

若指定 axis，则要求两个数组具有相同的维数，并且除了待添加轴的方向外，要精确相等，否则会发生错误，例如：

```
[79]: A = np.array([[1,2,3],[4,5,6]])# 二维数组
      b = np.array([7,8,9]) # 一维数组
      np.append(A,b,axis = 1)
```

ValueError                                        Traceback (most recent call last)

< ipython − input − 79 − f005ed6e0d41 > in < module >

　1 A = np.array([[1,2,3],[4,5,6]]) # 二维数组

　2 b = np.array([7,8,9]) # 一维数组

----> 3 np.append(A,b,axis = 1)

< __array_function__ internals > in append( * args, ** kwargs)

~ \anaconda3\lib\site-packages\numpy\lib\function_base.py in append(arr, values, axis)

　4691　　　　　values = ravel(values)

　4692　　　　　axis = arr.ndim − 1

-> 4693　　　return concatenate((arr, values), axis = axis)

　4694

　4695

< __array_function__ internals > in concatenate( * args, ** kwargs)

ValueError: all the input arrays must have same number of dimensions, but the array at index 0 has 2 dimension(s) and the array at index 1 has 1 dimension(s)

```
[80]: A = np. array([[1,2,3],[4,5,6]])   # 二维数组
      b = np. array([[7,8,9]])   # 二维数组
      np. append(A,b,axis = 1)   # 两个数组在 0 轴方向上不等,一个是 2,一个是 1
```

ValueError                                                Traceback(most recent call last)

&lt;ipython - input - 80 - bcbaa8077dc1 &gt; in &lt;module &gt;

　　　1 A = np. array([[1,2,3],[4,5,6]]) # 二维数组

　　　2 b = np. array([[7,8,9]]) # 二维数组

----&gt;　3 np. append(A,b,axis = 1))   # 两个数组在 0 轴方向上不等,一个是 2,一个是 1

&lt;__array_function__ internals &gt; in append( ∗ args, ∗∗ kwargs)

~ \anaconda3 \lib \site-packages \numpy \lib \function_base. py in append( arr, values, axis)

　　4691　　　　　　values = ravel( values)

　　4692　　　　　　axis = arr. ndim − 1

-&gt; 4693　　　　　　return concatenate(( arr, values), axis = axis)

　　4694

　　4695

&lt;__array_function__ internals &gt; in concatenate( ∗ args, ∗∗ kwargs)

ValueError: all the input array dimensions for the concatenation axis must match exactly, but along dimension 0, the array at index 0 has size 2 and the array at index 1 has size 1

在指定 0 轴方向上,是可以添加的。

```
[81]: A = np. array([[1,2,3],[4,5,6]]) # 二维数组
      b = np. array([[7,8,9]]) # 二维数组
      np. append(A,b,axis = 0)
```

```
[81]: array([[1, 2, 3],
             [4, 5, 6],
             [7, 8, 9]])
```

③numpy. insert 函数沿指定的轴,在给定索引之前插入值。格式:numpy. insert（a,index,values,axis = None）。

- a:输入数组。
- index:在其之前插入值的索引。
- values:要插入的值。
- axis:指定插入数据的轴,如果未提供,则输入数组会被展开。

[82]:
```
A = np. array（[[1,2,3],[4,5,6]]）# 二维数组
b = np. array（[7,8,9]）
print（'原数组为:\n',A）
B = np. insert（A,2,b,axis = 0）
print（'在 0 轴索引 2 之前插入数据后的数组为:\n',B）
```

原数组为:

[[1 2 3]

[4 5 6]]

在 0 轴索引 2 之前插入数据后的数组为:

[[1 2 3]

[4 5 6]

[7 8 9]]

④numpy. delete 函数返回从输入数组中删除指定子数组的新数组。与 numpy. insert（）函数的情况一样,如果未提供轴参数,则输入数组将展开。格式:numpy. delete（a,obj,axis）。

- a:输入数组。
- obj:可以是切片、整数或者整数数组,表示要从输入数组删除的子数组的索引。
- axis:删除给定子数组的轴方向,如果未提供,则输入数组会被展开。

### 2. 1. 2　ufunc 函数

ufunc 是 universal function 的缩写,它是一种能对数组的每个元素进行运算的函数。NumPy 为数组定义了各种数学运算函数,这些函数基本上都是 ufunc 函数,并且还为数学运算函数定义了运算符。

一些常见的算术函数和算术运算符如表 2 − 6 所示。

**表2-6　常见的算术函数和运算符**

| 算术运算符 | 算术函数 |
| --- | --- |
| arr1 + arr2 | np. add( arr1 , arr2) |
| arr1 − arr2 | np. subtract( arr1 , arr2) |
| arr1 * arr2 | np. multiply( arr1 , arr2) |
| arr1/arr2 | np. divide( arr1 , arr2) 或 np. true_divide( arr1 , arr2) |
| arr1//arr2 | np. floor_divide( arr1 , arr2) ,返回商的整数部分 |
| − arr | np. negative( arr) |
| arr1 ** arr2 | np. power( arr1 , arr2) |
| arr1 % arr2 | np. remainder( arr1 , arr2) , np. mod( arr1 , arr2) |

比较运算函数和比较运算符如表2-7所示。

**表2-7　比较运算函数和比较运算符**

| 比较运算符 | 比较运算函数 |
| --- | --- |
| arr1 == arr2 | np. equal( arr1 , arr2) |
| arr1 ! = arr2 | np. not_equal( arr1 , arr2) |
| arr1 < arr2 | np. less( arr1 , arr2) |
| arr1 <= arr2 | np. less_equal( arr1 , arr2) |
| arr1 > arr2 | np. greater( arr1 , arr2) |
| arr1 >= arr2 | np. greater_equal( arr1 , arr2) |

使用比较运算对两个数组进行比较,将返回一个布尔数组,它的每个元素值都是两个数组对应元素的比较结果。

一些常用的数学函数如表2-8所示。

**表2-8　常用的数学函数**

| 函数 | 函数说明 |
| --- | --- |
| np. pi | 常数 $\pi$ |
| np. e | 常数 e |
| np. abs( arr) | 计算各元素的绝对值 |
| np. ceil( arr) | 对各元素向上取整 |
| np. floor( arr) | 对各元素向下取整 |
| np. round( arr) | 对各元素四舍五入 |

表 2－8（续）

| 函数 | 函数说明 |
|---|---|
| np. fmod( arr1 ,arr2) | 计算 arr1/arr2 的余数 |
| np. modf( arr) | 返回数组元素的小数部分和整数部分 |
| np. sqrt( arr) | 计算各元素的算术平方根 |
| np. square( arr) | 计算各元素的平方值 |
| np. sin( arr) | 计算各元素的正弦值 |
| np. arcsin( arr) | 计算各元素的反正弦值 |
| np. exp( arr) | 计算以 e 为底的指数 |
| np. power( arr,$\alpha$) | 计算各元素的指数 |
| np. log2( arr) | 计算以 2 为底数各元素的对数 |
| np. log10( arr) | 计算以 10 为底数各元素的对数 |
| np. log( arr) | 计算以 e 为底数各元素的对数 |

一些常用的统计函数如表 2－9 所示。

表 2－9　常用的统计函数

| 函数 | 函数说明 |
|---|---|
| np. min( arr,axis) | 按照轴的方向计算最小值 |
| np. max( arr,axis) | 按照轴的方向计算最大值 |
| np. mean( arr,axis) | 按照轴的方向计算均值 |
| np. median( arr,axis) | 按照轴的方向计算中位数 |
| np. sum( arr,axis) | 按照轴的方向计算和 |
| np. std( arr,axis) | 按照轴的方向计算标准差 |
| np. var( arr,axis) | 按照轴的方向计算方差 |
| np. cumsum( arr,axis) | 按照轴的方向计算累加和 |
| np. cumprod( arr,axis) | 按照轴的方向计算累计乘积 |
| np. argmin( arr,axis) | 按照轴的方向返回最小值所在位置 |
| np. argmax( arr,axis) | 按照轴的方向返回最大值所在位置 |
| np. corrcoef( ) | 计算皮尔逊相关系数 |
| np. cov( arr) | 计算协方差矩阵 |

### 2.1.3 数组的乘积

两个数组在满足一定条件情况下可以进行乘积运算，包括点积、内积和外积。

（1）两个数组的点积使用 numpy. dot（ ）计算，格式为：numpy. dot（a,b）。

①a,b 是两个数组，当数组 a 的最后一轴和数组 b 的倒数第二轴尺寸相等时，乘积可行，结果：

形状为 a. shape［ ：－1］＋b. shape［ ：－2］＋b. shape［ －1：－2：－1］的数组。

②如果 a 和 b 两个数组都是一维数组，此时为两个向量的内积（复向量情况除外）。

③如果 a 和 b 两个数组都是二维数组，为两个矩阵的乘积，此时推荐使用 np. matmul（ ）或者"＠"。

④如果 a,b 有一个是 0 维的，即为一个标量，等价于乘法，建议使用 numpy. multiply（a,b）或 a ＊ b。

（2）两个数组的内积使用 numpy. inner（ ）计算，格式为：numpy. inner（a,b）。a, b 是两个数组，当数组 a 的最后一轴和数组 b 的最后一轴尺寸相等时，乘积可行，结果：

形状为 a. shape［ ：－1］＋b. shape［ ：－1］的数组。

①如果 a 和 b 两个数组都是一维数组，此时为两个向量的内积（复向量情况除外）。

②如果 a 和 b 是高维数组，结果中数组的元素是两个数组最后一轴元素乘积和。

（3）两个数组的外积使用 numpy. outer（ ）计算，格式为：numpy. outer（a,b）。

只对一维数组进行计算，如果传入的是多维数组，则先将此数组展平为一维数组之后再进行运算。它计算列向量和行向量的矩阵乘积，结果为一个二维数组。

### 2.1.4 多项式

**1. 多项式对象创建及运算**

设 $n$ 次多项式 $f(x) = a_n x^n + a_{n-1} x^{n-1} + \cdots + a_1 x + a_0$，系数为 $a_n, a_{n-1}, \cdots, a_1$, $a_0$，可以把系数存在一维类似数组的序列或一维数组里，在 NumPy 中，利用函数 numpy. poly1d（ ）将其转换为一元多项式对象，此对象可以像函数一样调用，计算多

项式的取值。函数调用格式:numpy. poly1d( c_or_r,r = False,variable = None )。

- c_or_r:当第二个参数 r = False 时,第一个参数 c 为类似数组的序列,序列里为多项式的系数降幂排列;当第二个参数 r = True 时,第一个参数 r 为类似数组的序列,序列里为多项式的零点。
- r:布尔型,可选参数,默认取 False。
- variable:取值为字符串,可选参数,用来表示多项式中的未知元。

```
[83]: a = np. array([4,2,1])
      b = np. poly1d(a)
      c = np. poly1d(a,'True','y')
      print('当第二个参数取 False 时,多项式为:\n',b)
      print('当第二个参数取 True 时,多项式为:\n',c)
```

当第二个参数取 False 时,多项式为:

$$4 x^2 + 2 x + 1$$

当第二个参数取 True 时,多项式为:

$$1 y^3 - 7 y^2 + 14 y - 8$$

由此可知,当第二个参数取 True 时,c 表示多项式 $f(y) = (y-4)(y-2)(y-1)$。可以计算多项式 $f(y)$ 在任意一点的取值,例如 $f(3)$。

```
[84]: c(3)
```

[84]: −2.0

多项式对象可以加、减、乘、除,分别对应多项式的运算。

```
[85]: np. poly1d([3,6,2]) + a # 一个多项式对象加上一个一维数组,等价于把数组转化为多项式
      对象,然后再相加。
```

[85]: poly1d([7, 8, 3])

```
[86]: b * b
```

[86]: poly1d([16, 16, 12, 4, 1])

[87]: ```
b**2
```

[87]: poly1d([16, 16, 12, 4, 1])

[88]: ```
b/np.poly1d([1,1])
```

[88]: (poly1d([4., -2.]), poly1d([3.]))

多项式除法返回值为元组,元组第一项为商式,元组第二项为余式。

**2. 多项式对象的属性和方法**

多项式对象的 deriv( )和 integ( )方法分别用于计算多项式的导数和不定积分,利用多项式对象的属性可以得到多项式的零点、阶数和系数。假设现有多项式 $p(x) = 7x^5 + 6x^4 + 3x^2 + 2x + 1$,可以计算此多项式的微分、不定积分和零点。

[89]: ```
import numpy as np
a = np.array([7,6,0,3,2,1])
p = np.poly1d(a)
p1 = p.deriv()
print('多项式 p 的一阶导数为:\n',p1)
print('多项式 p 的二阶导数为:\n',p.deriv(2))
```

多项式 p 的一阶导数为:
```
        4        3
35 x + 24 x + 6 x + 2
```
多项式 p 的二阶导数为:
```
        3       2
140 x + 72 x + 6
```

[90]: ```
p1.integ(k=1)# 用 m=1,指定积分次数,默认取 1,k 指定不定积分中的常数 C 的取值,默认取 0。
```

[90]: poly1d([7., 6., 0., 3., 2., 1.])

[91]: ```
p.r  # 利用多项式对象的属性求得多项式的零点
```

[91]: array([ -1.0959362  +0.j,          0.42799692 +0.60998838j,
               0.42799692 -0.60998838j,  -0.30860025 +0.37352482j,
              -0.30860025 -0.37352482j])
```

[92]: p. c   # 获取多项式的系数

[92]: array([7, 6, 0, 3, 2, 1])

[93]: p. o   # 获取多项式的阶数

[93]: 5

　　除了使用多项式对象的属性和方法以外,也可以直接使用 NumPy 提供的处理多项式的函数实现上述操作,例如,numpy. polyder( )、numpy. polyint( )和 numpy. roots( ),分别计算多项式的微分、积分和多项式的零点。另外 numpy. polyfit( x,y, deg,rcond = None,full = False,w = None,cov = False)函数可以对一组数据使用多项式进行拟合,找到与这组数据的误差平方和最小的多项式的系数,其中 x,y 是已知的数据,deg 为拟合数据的多项式的阶数。

## 2. 1. 5　NumPy 模块简介

　　NumPy 提供了大量的模块处理不同领域的专业问题。充分利用这些模块,能够简化程序的逻辑,提高运算速度。

### 1. random 模块

　　numpy. random 模块提供了大量的与随机数相关的函数,例如产生随机数的函数:

　　(1)numpy. random. rand( d0,d1,…,dn)产生区间[0,1)上均匀分布的浮点数, 它的所有参数用于指定所产生的数组的形状,如果为空,则返回一个浮点数。

　　(2)numpy. random. randn( d0,d1,…,dn)产生标准正态分布的随机数,参数的含义与 rand( )相同。

　　(3)numpy. random. randint( low,high = None,size = None,dtype = int)产生指定范围[low,high)上的随机整数,包括起始值,但是不包括终值,若 high = None,则产生[0,low)上的随机整数。size:整数或是整数元组,用于指定输出数组的形状。

[94]:
```
from numpy import random as rd
rd. rand(4,4)
```

[94]: array([[0.34494606, 0.43874523, 0.10355651, 0.15354542],

　　　　　[0.67916523, 0.33085907, 0.32749189, 0.33671809],

$[0.81107193, 0.98074437, 0.13982758, 0.93884901]$,

$[0.53894471, 0.16765838, 0.58659646, 0.09119644]])$

[95]: rd. randn (2,5)

[95]: array([[ -0.58427938, -1.29338286, -0.30968643, -0.54689042, -1.16598826],
[ 1.35199752, -0.20636848, 1.43583982, -1.55270213, 1.5258212]])

[96]: rd. randint(2,11,(2,4))

[96]: array([[7, 9, 3, 9],
[5, 6, 7, 9]])

random 模块中的一些常用函数如表 2 - 10 所示。

表 2 - 10　random 模块中的一些常用函数

| 函数 | 说明 |
| --- | --- |
| seed( n) | 设置随机种子 |
| beta( a,b,size = None) | 生成贝塔分布随机数 |
| chisquare( df,size = None) | 生成卡方分布随机数 |
| choice( a,size = None,replace = True,p = None) | 从 a 中有放回地随机挑选指定数量的样本 |
| exponential( scale = 1.0,size = None) | 生成指数分布随机数 |
| f( dfnum,dfden,size = None) | 生成 F 分布随机数 |
| gamma( shape,scale = 1.0,size = None) | 生成伽马分布随机数 |
| geometric( p,size = None) | 生成几何分布随机数 |
| hypergeometric( ngood,nbad,nsample,size = None) | 生成超几何分布随机数 |
| laplace( loc = 0.0,scale = 1.0,size = None) | 生成拉普拉斯分布随机数 |
| logistic( loc = 0.0,scale = 1.0,size = None) | 生成 Logistic 分布随机数 |
| lognormal( mean = 0.0,sigma = 1.0,size = None) | 生成对数正态分布随机数 |
| negative_binominal( n,p,size = None) | 生成负二项分布随机数 |
| multinomial( n,pvals,size = None) | 生成多项分布随机数 |
| multivariate_normal( mean,cov) | 生成多元正态分布随机数 |
| normal( loc,0.0,scale = 1.0,size = None) | 生成正态分布随机数 |
| pareto( a,size = None) | 生成帕累托分布随机数 |
| poisson( lam = 1.0,size = None) | 生成泊松分布随机数 |
| rand( d0,d1,..,dn) | 生成 n 维的均匀分布随机数 |

表 2 – 10（续）

| 函数 | 说明 |
|---|---|
| randn( d0, d1, …, dn) | 生成 $n$ 维的标准正态分布随机数 |
| randint( low, high = None, size = None) | 生成指定范围的随机整数 |
| random_sample( size = None) | 生成[0,1) 随机数 |
| standard_t( df, size = None) | 生成标准的 t 分布随机数 |
| uniform( low = 0.0, high = 1.0, size = None) | 生成指定范围的均匀分布随机数 |
| wald( mean, scale, size = None) | 生成 Wald 分布随机数 |
| weibull( a, size = None) | 生成 Weibull 分布随机数 |

**2. linalg 模块（线性代数模块）**

线性代数中的矩阵可以用二维 ndarray 表示，这样矩阵的线性运算和乘法就可以利用数组的运算来实现，包括对于矩阵的一些操作，例如转置、翻转和矩阵的拼接也可以利用对数组的操作来实现。关于上述这些操作不再赘述，下面简单介绍一下 linalg 模块中的函数。

（1）方阵的幂

numpy. linalg. matrix_power 用于计算方阵的幂，格式：numpy. linalg. matrix_power( A, n)。

• A：方阵，即二维数组，且两个轴的尺寸相同。

• n：整数，表示幂。

```
[97]:   A = np. array([[1,2], [3,4]])
        B = np. linalg. matrix_power( A,2)
        C = np. linalg. matrix_power( A, -1)
        print('矩阵的 2 次幂为:\n',B)
        print('在矩阵可逆的情况下, -1 次幂有意义,相当于求矩阵的逆,逆矩阵为:\n',C)
```

矩阵的 2 次幂为:

[[ 7   10]

[15   22]]

在矩阵可逆的情况下, -1 次幂有意义,相当于求矩阵的逆,逆矩阵为:

[[ -2.     1. ]

[  1.5   -0.5]]

（2）方阵的行列式

numpy. linalg. det 用于计算方阵的行列式,格式:numpy. linalg. det( A )。

- A:二维数组表示的方阵,返回值为方阵的行列式。

```
[98]: import numpy. random as rd
      from numpy import linalg
      A = rd. randn(4,4)
      linalg. det( A )
```

[98]: 3. 105049643547048

（3）矩阵的秩

numpy. linalg. matrix_rank 用于计算矩阵的秩,格式:numpy. linalg. matrix_rank（A）。

- A:二维数组表示的矩阵,返回值为矩阵的秩数。

```
[99]: A = np. array([[1,3,1,2],[3,4,2,-3],[-1,-5,4,1]])
      np. linalg. matrix_rank( A )
```

[99]: 3

（4）方阵的逆与矩阵的广义逆

numpy. linalg. inv 用于计算方阵的逆矩阵,格式:numpy. linalg. inv( A )。

- A:二维数组表示的方阵,若矩阵可逆,返回值为矩阵的逆矩阵;否则返回矩阵不可逆的信息。

numpy. linalg. pinv 用于计算矩阵的广义逆,格式:numpy. linalg. pinv( A )。

- A:二维数组表示的矩阵,返回值为矩阵的广义逆。

```
[100]: import numpy. random as rd
       from numpy import linalg
       A = rd. randn(4,4)
       linalg. inv( A )
```

[100]: array([[ -4.78758876e - 01, 3.31682537e - 01, -6.96720258e - 03,
              7.55353698e - 01],
            [ -3.80474980e - 04, -6.57528526e - 02, 4.38473991e - 01,

$$4.90534926e-01],$$
$$[5.44642659e-01, -6.07045045e-01, -9.96671662e-02,$$
$$-1.99676273e-01],$$
$$[-6.62070830e-01, -5.50470326e-02, 1.76791255e-01,$$
$$5.78718233e-01]])$$

[101]: A = np.array([[1,3,1,2],[3,4,2,-3],[-1,-5,4,1]])
np.linalg.pinv(A)

[101]: array([[ 0.01704662,    0.08092011,    0.01458205],
        [ 0.12651468,    0.03429862,  -0.07249949],
        [ 0.0994044,     0.09837749,    0.15732183],
        [ 0.25200246,  -0.14109673,    0.02279729]])

（5）线性方程组求解

①numpy.linalg.solve 用于求解线性方程组 $Ax = b$ 的精确解,格式:numpy. linalg.solve(A,b)。

• A:二维数组表示的可逆矩阵,若 $A$ 不可逆或者不是方阵,返回错误信息。

• b:向量或者矩阵。

②numpy.linalg.lstsq 用于求解超定、适定、欠定的线性方程组 $Ax = b$ 的解,在方程组无精确解的情况下,给出最小二乘解。格式:numpy.linalg.lstsq(A,b,rcond = None)。

• A:二维数组表示的线性方程组的系数矩阵。

• b:方程组的常数项。

• rcond:与系数矩阵的条件数有关的参数,使用时一般设定为 rcond = None。
求线性方程组

$$\begin{cases} x_1 - x_2 - 3x_3 + x_4 = 1 \\ x_1 - x_2 + 2x_3 - x_4 = 3 \\ 4x_1 - 4x_2 + 3x_3 - 2x_4 = 6 \\ 2x_1 - 2x_2 - 11x_3 + 4x_4 = 0 \end{cases}$$

的解。

[102]:
```
import numpy as np
A = np.array([[1,-1,-3,1],[1,-1,2,-1],[4,-4,3,-2],[2,-2,-11,4]])
b = np.array([1,3,6,0])
x = np.linalg.solve(A,b)
```

LinAlgError                                    Traceback (most recent call last)

< ipython - input - 102 - d9c6796e066f > in < module >

2 A = np.array([[1,-1,-3,1],[1,-1,2,-1],[4,-4,3,-2],[2,-2,-11,4]])

3 b = np.array([1,3,6,0])

----> 4 x = np.linalg.solve(A,b)

< __array_function__ internals > in solve( * args, ** kwargs)

~ \anaconda3\lib\site - packages\numpy\linalg\linalg.py in solve(a, b)

397        signature = 'DD -> D' if isComplexType(t) else 'dd -> d'

398        extobj = get_linalg_error_extobj(_raise_linalgerror_singular)

--> 399        r = gufunc(a, b, signature = signature, extobj = extobj)

400

401        return wrap(r.astype(result_t, copy = False))

~ \anaconda3\lib\site - packages\numpy\linalg\linalg.py in _raise_linalgerror_singular(err, flag)

95

96 def _raise_linalgerror_singular(err, flag):

---> 97        raise LinAlgError("Singular matrix")

98

99 def _raise_linalgerror_nonposdef(err, flag):

LinAlgError: Singular matrix

返回一个错误信息,矩阵是奇异的,下面我们验证一下,并求此方程组的最小二乘解。

[103]:
```
np.linalg.det(A)
```

[103]: 0.0

[104]:
```
x = np.linalg.lstsq(A,b,rcond = None)
print('方程组的最小二乘解为:\n',x)
```

方程组的最小二乘解为：

（array（[ 0.67950693， −0.67950693，0.17257319， −0.20493066]），array（[]，

dtype＝float64），2，array（[1.28837832e＋01，6.55805845e＋00，8.62581802e−16，

1.29946403e−16]））

　　返回值为一个元组,元组的第一个元素为 ndarray,是此方程组的最小二乘解,第二个元素为残差的和,若系数矩阵的秩小于未知数的个数,或者方程的个数小于未知数的个数,则返回一个空的 ndarray,元组的第三个元素为系数矩阵的秩,元组的第四个元素为系数矩阵的奇异值组成的 ndarray。

　　（6）方阵的特征值与特征向量

　　numpy. linalg. eig 用于计算方阵的特征值和特征向量,格式:numpy. linalg. eig（A）或 w,v ＝ numpy. linalg. eig（A）。

- A:二维数组表示的方阵。
- w:存储的为矩阵 $A$ 的特征值。
- v:存储的为矩阵 $A$ 的标准（单位长度）特征向量,满足 v[:,i]是属于特征值 w[i]的特征向量。求三阶方阵 $A = \begin{bmatrix} 1 & 3 & 6 \\ 3 & 4 & 7 \\ 6 & 7 & 9 \end{bmatrix}$ 的特征值和特征向量。

```
[105]: import numpy as np
       A = np. array（[[1,3,6],[3,4,7],[6,7,9]]）
       w,v = np. linalg. eig（A）
       print（w）
       print（'我是分界线 ******************************'）
       print（v）
```

[16.73839824　 −2.38817213　 −0.3502261　 ]

我是分界线 ******************************

[[ −0.38945598　 −0.78057259　 0.48890743]

 [ −0.51232578　 −0.25752698　 −0.81926928]

 [ −0.76540599　 0.5695492　 0.29961204]]

　　（7）矩阵和向量的范数

　　numpy. linalg. norm 用于求矩阵和向量的各种范数,格式:numpy. linalg. norm

$(x, ord = None, axis = None)$。

• x：输入数组，当 axis = None 时，x 必须是一维或者是二维的数组，如果 ord 和 axis 都为 None，则数组 x 会被展开成一维数组，并返回向量的 2 范数。

• ord：非零整数，或者 inf，- inf，或者是字符串′fro′，′nuc′，默认为 None。

• axis：None，整数，或者是有两个整数的元组。默认为 None。

一些常见的矩阵和向量范数如表 2 - 11 所示。

表 2 - 11 一些常见的矩阵和向量范数

| ord | 矩阵范数 | 向量范数 |
|---|---|---|
| None | Frobenius 范数 | 向量的欧几里得范数 |
| ′fro′ | Frobenius 范数 | — |
| inf | 矩阵无穷范数 $max(sum(abs(x), axis = 1))$ | 向量无穷范数 $max(abs(x))$ |
| 1 | 矩阵 1 - 范数 $max(sum(abs(x), axis = 0))$ | 向量 1 - 范数 $sum(abs(x))$ |
| 2 | 矩阵 2 - 范数(矩阵最大的奇异值) | 向量的欧几里得范数 |

```
[106]: a = [-1,2,3,3,1,1]
       np. linalg. norm(a)  # 向量的模长
```

[106]: 5.0

## 2.2 SciPy 包简介

SciPy 是建立在 NumPy 扩展包基础上的数学算法和函数的集合，增加了众多的数学计算、科学计算和工程计算中常用的模块，汇总如表 2 - 12 所示。

表 2 - 12 SciPy 常用模块及应用领域

| 模块名 | 应用领域 |
|---|---|
| cluster | 聚类算法 |
| constants | 物理和数学常量 |
| fftpack | 快速傅里叶变换 |
| integrate | 积分和常微分方程求解 |
| interpolate | 插值和光滑样条 |

表 2－12（续）

| 模块名 | 应用领域 |
|--------|----------|
| io | 数据输入/输出 |
| linalg | 线性代数 |
| ndimage | $n$ 维图像处理 |
| odr | 正交距离回归 |
| optimize | 优化和求根程序 |
| signal | 信号处理 |
| sparse | 稀疏矩阵和相关程序 |
| spatial | 空间数据结构和算法 |
| special | 一些特殊的数学函数 |
| stats | 统计分布和函数 |

这些模块大多相互独立，但全都依赖于 NumPy，在使用模块时需要单独导入，通常没有必要出现代码 import scipy。以使用线性代数模块和数学常数模块为例，一般导入 numpy 和 scipy 的方式为：

[107]:
```
import numpy as np
from scipy import linalg,constants
```

我们主要针对线性代数模块做简单介绍。NumPy 和 SciPy 都提供了线性代数模块 linalg，scipy. linalg 模块中包含所有 numpy. linalg 模块中的函数，而且更加全面，并且它总是支持使用 BLAS/LAPACK 支持进行编译，因此运行速度更快。numpy. linlag 模块中函数的使用方法，在 scipy. linalg 中几乎没有变化。例如，计算一个矩阵的特征值和特征向量。

[108]:
```
import numpy as np
from scipy import linalg
A = np.array([[1,3,6],[3,4,7],[6,7,9]])
w,v = linalg.eig(A)
print(w)
print('我是分界线 ********************************')
print(v)
```

$[16.73839824 + 0.\,\mathrm{j} \quad -2.38817213 + 0.\,\mathrm{j} \quad -0.3502261 + 0.\,\mathrm{j}]$

我是分界线 ∗∗∗∗∗∗∗∗∗∗∗∗∗∗∗∗∗∗∗∗∗∗∗∗∗∗∗∗∗

$$\begin{bmatrix} -0.38945598 & -0.78057259 & 0.48890743 \\ -0.51232578 & -0.25752698 & -0.81926928 \\ -0.76540599 & 0.5695492 & 0.29961204 \end{bmatrix}$$

下面选择介绍一些大学本科阶段线性代数可能用到的函数,在 numpy. linalg 模块中介绍过的函数不再赘述。

### 2.2.1　几个特殊矩阵的创建

**1. 分块对角阵**

scipy. linalg. block_diag 用于创建一个分块对角矩阵,格式:scipy. linalg. block_diag( *arrs)。

- *arrs:表示可变数量的数组或类数组,数组的维数小于等于 2,如果维数是 1,则先把其变为二维数组。

```
[109]: import numpy as np
       from scipy import linalg
       A = np.array([[1,0],[0,1]])
       B = np.array([[3,4,5],[6,7,8]])
       C = [7]
       linalg.block_diag(A,B,C)
```

```
[109]: array([[1, 0, 0, 0, 0, 0],
              [0, 1, 0, 0, 0, 0],
              [0, 0, 3, 4, 5, 0],
              [0, 0, 6, 7, 8, 0],
              [0, 0, 0, 0, 0, 7]], dtype = int32)
```

**2. 希尔伯特矩阵**

scipy. linalg. hilbert 用于创建一个希尔伯特矩阵,格式:scipy. linalg. hilbert(n)。

```
[110]: from scipy import linalg
       linalg.hilbert(3)
```

[110]: array([[1.          , 0.5         , 0.33333333 ],
          [0.5         , 0.33333333 , 0.25        ],
          [0.33333333 , 0.25        , 0.2         ]])

### 3. 帕斯卡矩阵

scipy. linalg. pascal 用于生成帕斯卡矩阵,格式:scipy. linalg. pascal( n, kind = ′symmetric′)。

- n:指定生成二维数组的形状 shape = ( n, n),kind 只能取′symmetric′,′lower′或′upper′,默认为′symmetric′。

[111]: from scipy import linalg
linalg. pascal( 3,′lower′)

[111]: array([[1,  0,  0],
          [1,  1,  0],
          [1,  2,  1]], dtype = uint64)

### 4. 填充三角矩阵

scipy. linalg. tri 用于创建一个在指定对角线位置和其下方全部填充 1 的矩阵,格式:scipy. linalg. tri( N, M = None, k = 0, dtype = None)。

- N:整数,指定数组第 0 轴的尺寸。
- M:整数或者 None,指定数组第 1 轴的尺寸,如果 M 是 None,则假定 M = N。
- k:整数,指定沿主对角线的偏移,k = 0 时为主对角线。
- dtype:指定数据类型,默认为布尔型。

[112]: from scipy import linalg
linalg. tri( 3, k = 1, dtype = int)

[112]: array([[1,  1,  0],
          [1,  1,  1],
          [1,  1,  1]])

## 2. 2. 2　构建矩阵值域的标准正交基

scipy. linalg. orth 利用数组的奇异值分解,构建基于矩阵值域的标准正交基,格式:scipy. linalg. orth( A,rcond = None)。

- A:(M,N)类二维数组。
- rcond:浮点型,与数组条件数有关的数,默认为 None。

[113]: 
```
A = np. array([[1,2,3],[4,5,6]])
linalg. orth(A)
```

[113]: array([[ -0.3863177 ,  0.92236578],
       [ -0.92236578, -0.3863177 ]])

### 2.2.3 构建矩阵核空间的标准正交基

scipy. linalg. null_space 利用奇异值分解,创建一个基于矩阵核空间的标准正交基,格式:scipy. linalg. null_space( A,rcond = None)。

- A:形状为( M,N)的二维数组。
- rcond:浮点数,与数组条件数有关的数,默认为 None。

[114]: 
```
A = np. array([[1,2,3],[4,5,6]])
linalg. null_space(A)
```

[114]: array([[  0.40824829],
       [ -0.81649658],
       [  0.40824829]])

# 2.3  Matplotlib 包简介

Matplotlib 是 Python 最著名的绘图包,它提供了一整套和 MATLAB 类似的绘图函数集,其快速绘图 pyplot 模块提供了与 MATLAB 类似的绘图函数调用接口,方便用户快速绘制二维图表以及简单的三维图像。Matplotlib 实际上是一套面向对象的绘图包,它所绘制的图表的每个绘图元素,例如线条、文字、刻度等在内存中都有一个对象与之对应。绘图之前导入 pyplot 模块。

[115]: 
```
import matplotlib. pyplot as plt
```

### 2.3.1　二维平面直角坐标系图形绘制

首先创建一个画布(图2-1)，即figure对象，由Figure类实例化一个figure对象方法为类名加上小括号。

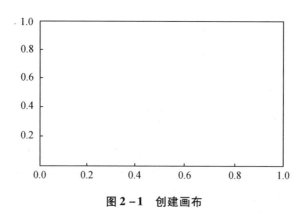

图2-1　创建画布

[116]:
```
import matplotlib. pyplot as plt
fig = plt. figure( )
```

< Figure size 432x288 with 0 Axes >

有了画布以后，需要规划：是在整个画布上画图，还是把画布分成若干子区域画图。然后在这些区域上设置坐标系，准备画图。这部分工作由matplotlib. pyplot. subplot函数创建坐标系完成，即添加了axes对象。

[117]:
```
import matplotlib. pyplot as plt
fig = plt. figure( )
plt. subplot( )
```

[117]:　< matplotlib. axes. _subplots. AxesSubplot at 0x2b68e193988 >

如果要规划四个区域，可以向figure对象添加四个坐标系，其中subplot(221)，把画布规划四个2行2列区域，并对四个区域编号，从左到右，从上到下，序号递增，并生成第一个编号坐标系对象，如图2-2和图2-3所示。

[118]:
```
import matplotlib. pyplot as plt
ax1 = plt. subplot(221)
```

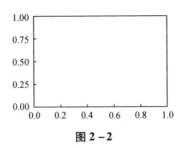

图 2 - 2

[119]:
```
ax2 = plt.subplot(222)
ax3 = plt.subplot(223)
ax4 = plt.subplot(224)
```

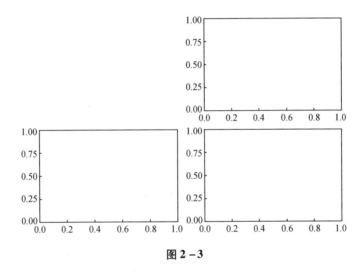

图 2 - 3

如果要规划多个区域,上面的代码有些冗余,可以使用 matplotlib. pyplot. subplots(nrows = 2, ncols = 2)快速生成一个 figure 对象和四个 axes 对象,返回值为含两个元素的元组,第一个元素为 figure 对象,第二个元素为四个 axes 对象构成的 ndarray 数组,通过对数组索引,就可以在其中一个 axes 上画图,如图 2 - 4 所示。

[120]:
```
fig, axes = plt.subplots(2,2)
```

如果感觉画布有点小,可以通过参数 figsize 来设定长和宽,单位为英寸,如图 2 - 5 所示。

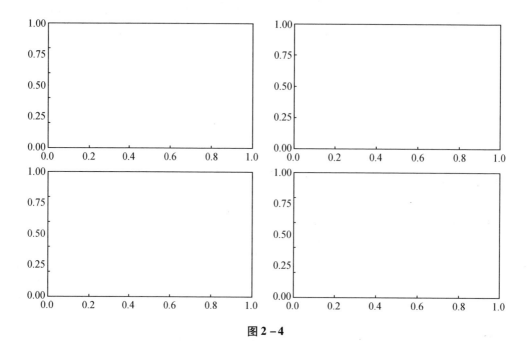

图 2－4

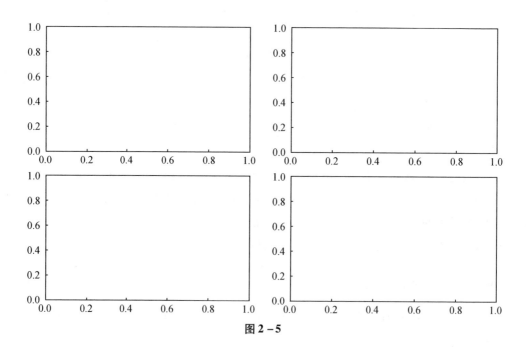

图 2－5

```
[121]: fig, axes = plt. subplots(2,2,figsize = (10,6))
```

现在就可以绘制图形了,通过 axes 对象的不同方法画出不同的图形。例如:
plot( )画线形图、bar( )画条形图、hist( )画直方图、scatter( )画散点图、pie( )画饼
图、boxplot( )画箱线图等,如图 2－6 所示。

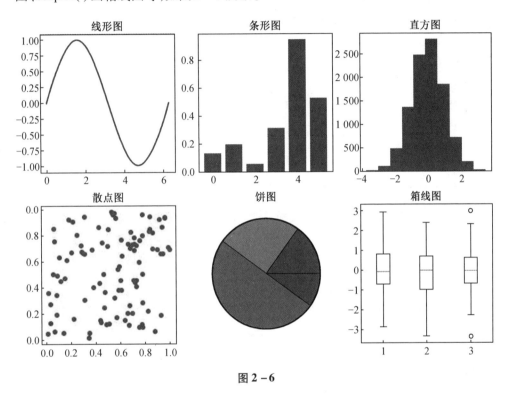

图 2－6

```
[122]: import numpy as np
       import matplotlib. pyplot as plt
       plt. rcParams ["font. family"] = "SimHei"   # 显示中文字体
       plt. rcParams ['axes. unicode_minus'] = False   # 正确显示坐标轴上的负号
       fig, ax = plt. subplots(2,3,figsize = (12,8))
       x = np. linspace(0,2 * np. pi,100)
       y = np. sin(x)
       ax[0, 0]. plot(x,y)
       ax[0, 0]. set_title('线形图')
```

```
###############################
x = np. arange(6)
y = np. random. rand(6)
ax[0, 1]. bar(x,y)
ax[0,1]. set_title('条形图')
###############################
x = np. random. randn(10000)
h = ax[0,2]. hist(x)
ax[0,2]. set_title('直方图')
###############################
x = np. random. rand(100)
y = np. random. rand(100)
ax[1,0]. scatter(x,y)
ax[1,0]. set_title('散点图')
###############################
x = [15,25,50,10]
ax[1,1]. pie(x)
ax[1,1]. set_title('饼图')
###############################
x = np. random. randn(100,3)
h1 = ax [1,2]. boxplot(x)
ax [1,2]. set_title('箱线图')
plt. show()
```

可以通过设定对象的属性，进一步修饰所画图形，使得其更美观。关于更详细的设定，可以阅读 matplotlib 用户手册。

### 2.3.2 极坐标系和三维直角坐标系图形绘制

调用 matplotlib. pyplot. subplot 函数创建坐标系对象，可以通过参数 projection = 'polar' 和 '3d' 的设定，得到极坐标系和三维直角坐标系，默认是平面直角坐标系，如图 2 - 7 所示。

[123]:
```
import numpy as np
import matplotlib. pyplot as plt
import numpy as np
import matplotlib. pyplot as plt
plt. rcParams["font. family"] = "SimHei" # 显示中文字体
plt. rcParams['axes. unicode_minus'] = False # 正确显示坐标轴上的负号
plt. figure(figsize = (10,5))
ax1 = plt. subplot(121,projection = 'polar')
ax2 = plt. subplot(122,projection = '3d')
```

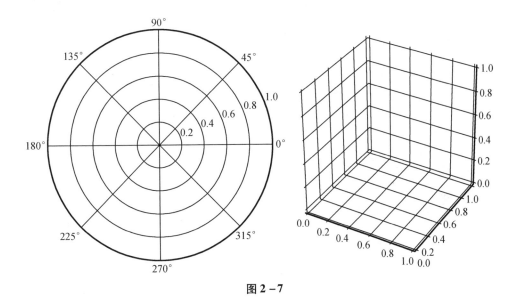

**图 2 − 7**

坐标系(axes)建立好后,通过 axes 对象的不同方法画出不同样式的图形,例如,使用三维坐标系对象的 plot、plot_surface 和 plot_wireframe 方法画出曲线图、曲面图和线框图。

[124]:
```
import numpy as np
import matplotlib. pyplot as plt
import numpy as np
import matplotlib. pyplot as plt
plt. rcParams["font. family"] = "SimHei" # 显示中文字体
plt. rcParams['axes. unicode_minus'] = False # 正确显示坐标轴上的负号
plt. figure(figsize = (12,12))
ax1 = plt. subplot(221, projection = 'polar')
theta = np. linspace(0,2 * np. pi,500)
ax1. set_title('极坐标系')
ax1. plot(theta,1. 8 * np. cos(4 * theta))
ax2 = plt. subplot(222, projection = '3d')
theta = np. linspace(-3 * np. pi,3 * np. pi, 100)
z = np. linspace(-2, 2, 100)
r = z ** 2 + 1
x = r * np. sin(theta)
y = r * np. cos(theta)
ax2. plot(x,y,z)
ax2. set_title('三维曲线图')
ax3 = plt. subplot(223, projection = '3d')
xx = np. linspace(-8,8,100)
yy = np. linspace(-8,8,100)
X,Y = np. meshgrid(xx,yy)
Z = np. sin(np. sqrt(X ** 2 + Y ** 2))/np. sqrt(X ** 2 + Y ** 2)
ax3. plot_surface(X,Y,Z)
ax3. set_title('三维曲面图')
ax4 = plt. subplot(224, projection = '3d')
ax4. plot_wireframe(X,Y,Z)
ax4. set_title('三维线框图')
plt. show()
```

绘制结果如图2-8所示。

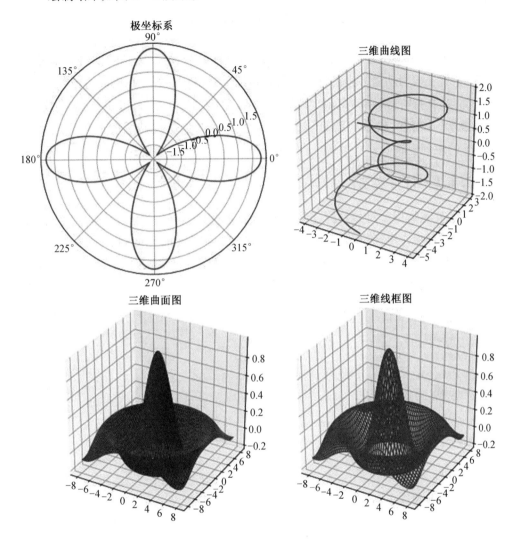

**图2-8**

可以通过设定对象的属性,进一步修饰所画图形,使得其更美观。关于更详细的设定,可以阅读 matplotlib 用户手册。

# 2.4 SymPy 包简介

SymPy 是用于符号数学的 Python 扩展包，可以进行数学表达式的符号推导和演算，它旨在成为功能齐全的计算机代数系统。SymPy 完全由 Python 写成，不依赖于外部包，支持符号计算、高精度计算、模式匹配、绘图、解方程、微积分、组合数学、离散数学、几何学、概率与统计、物理学等方面的功能。我们主要简单介绍一下 SymPy 的矩阵模块。

## 2.4.1 符号变量

符号变量适用于符号计算，SymPy 中符号变量是不能被自动定义的，使用符号变量之前，必须先定义符号变量。SymPy 中的数学符号用 Symbol 对象表示，使用 sympy.symbols() 创建 Symbol 对象，再将它们赋值给变量名，这样就完成了符号变量的定义。例如：

```
[125]: import sympy as sy
        x = sy.symbols('y')
        print('x 的类型为：',type(x))
        print('对象名为：',x.name)
        x**2+2*x+1
```

x 的类型为：< class 'sympy.core.symbol.Symbol' >
对象名为：y

[125]: $y^2 + 2y + 1$

其中 x = sy.symbols('y') 是我们定义的符号变量，x 为这个符号变量的变量名，sy.symbols('y') 对象为符号变量的变量值，y 是对象 sy.symbols('y') 的对象名。为了使用上的方便，通常让变量名与对象名相同。

```
[126]: import sympy as sy
        x = sy.symbols('x')
        x**2+2*x+1
```

[126]: $x^2 + 2x + 1$

一次可以定义多个变量,还可以指定符号变量的类型,例如,定义整型变量: $x,y,z$。

```
[127]:  import sympy as sy
        x,y,z = sy.symbols('x,y,z',integer = 'True')
        x + 2 * y ** 2 + 3 * z ** 3
```

[127]: $x + 2y^2 + 3z^3$

## 2.4.2 数值类型

SymPy 有三个内建的数值类型:整数型(integer)、有理数型(rational)和实数型(float)。SymPy 的整数和实数与 Python 的整数和浮点数是完全不同的对象。为了使用方便,SymPy 会尽量自动将 Python 的数值类型转换为 SymPy 的数值类型,同时也提供了一个 sympy.S( )方法,以方便用户快速将 Python 的数值转换成 SymPy 的数值。另外,还可以通过 sympy.N( )方法把数值对象转成 SymPy 的 float 对象。

```
[128]:  import sympy as sy
        x = 1/3
        y = sy.S(1)/3
        print('x 的值为:{};x 的类型为:{}'.format(x,type(x)))
        print('y 的值为:{};y 的类型为:{}'.format(y,type(y)))
        sy.N(y,10)
```

x 的值为:0.3333333333333333;x 的类型为: < class 'float' >

y 的值为:1/3;y 的类型为: < class 'sympy.core.numbers.Rational' >

[128]: 0.3333333333

## 2.4.3 矩阵模块简介

### 1.创建矩阵

(1)直接输入创建矩阵

整个矩阵用[ ]括起来,并且用[ ]作为行分隔,用逗号作为列分隔,然后用 sympy.Matrix( )方法生成,例如:

[129]: 
```
from sympy import Matrix
Matrix([[1,2,3], [4,5,6], [7,8,9]])
```

[129]: $\begin{bmatrix} 1 & 2 & 3 \\ 4 & 5 & 6 \\ 7 & 8 & 9 \end{bmatrix}$

[130]: 
```
Matrix([1,2,3])
```

[130]: $\begin{bmatrix} 1 \\ 2 \\ 3 \end{bmatrix}$

[131]: 
```
Matrix([[1,2,3]])
```

[131]: $\begin{bmatrix} 1 & 2 & 3 \end{bmatrix}$

（2）利用序列创建矩阵

SymPy 可以利用序列由 sympy. Matrix（）方法生成指定形状的矩阵。

[132]: 
```
from sympy import Matrix
a = [1,2,3,4,5,6,7,8,9]
Matrix(3,3,a)
```

[132]: $\begin{bmatrix} 1 & 2 & 3 \\ 4 & 5 & 6 \\ 7 & 8 & 9 \end{bmatrix}$

[133]: 
```
import numpy as np
from sympy import Matrix
a = np.array([[1,2,3], [4,5,6]])
Matrix(a)
```

[133]: $\begin{bmatrix} 1 & 2 & 3 \\ 4 & 5 & 6 \end{bmatrix}$

（3）创建特殊矩阵

可以快速构造一些特殊矩阵,例如单位矩阵、全零矩阵、全 1 矩阵、对角阵等。

[134]: ```
from sympy import Matrix
Matrix. eye(3)
```

$$
[134]:\begin{bmatrix} 1 & 0 & 0 \\ 0 & 1 & 0 \\ 0 & 0 & 1 \end{bmatrix}
$$

[135]: `Matrix. zeros(3,4)`

$$
[135]:\begin{bmatrix} 0 & 0 & 0 & 0 \\ 0 & 0 & 0 & 0 \\ 0 & 0 & 0 & 0 \end{bmatrix}
$$

[136]: `Matrix. ones(2,3)`

$$
[136]:\begin{bmatrix} 1 & 1 & 1 \\ 1 & 1 & 1 \end{bmatrix}
$$

[137]: `Matrix. diag((1,2,3))`

$$
[137]:\begin{bmatrix} 1 & 0 & 0 \\ 0 & 2 & 0 \\ 0 & 0 & 3 \end{bmatrix}
$$

[138]: ```
a = Matrix. zeros(3,4)
b = Matrix. ones(2,3)
Matrix. diag(a,b)
```

$$
[138]:\begin{bmatrix} 0 & 0 & 0 & 0 & 0 & 0 & 0 \\ 0 & 0 & 0 & 0 & 0 & 0 & 0 \\ 0 & 0 & 0 & 0 & 0 & 0 & 0 \\ 0 & 0 & 0 & 0 & 1 & 1 & 1 \\ 0 & 0 & 0 & 0 & 1 & 1 & 1 \end{bmatrix}
$$

## 2. 矩阵的索引与修改

可以通过索引和切片进行查询与修改矩阵中的某个元素,也可以查询或修改某一行或列的元素,当然也可以插入或删除一行或列的元素。

```
[139]: from sympy import Matrix
       a = [1, 2, 3, 4, 5, 6, 7, 8, 9]
       A = Matrix(3,3,a)
       A
```

$$[139]: \begin{bmatrix} 1 & 2 & 3 \\ 4 & 5 & 6 \\ 7 & 8 & 9 \end{bmatrix}$$

```
[140]: A[0,1]
```

[140]: 2

```
[141]: A[0,:]
```

$$[141]: \begin{bmatrix} 1 & 2 & 3 \end{bmatrix}$$

```
[142]: A[[0,1], [0,1]]
```

$$[142]: \begin{bmatrix} 1 & 2 \\ 4 & 5 \end{bmatrix}$$

```
[143]: A.row_del(0) #A.col_del(j) 删除 A 的第 j 列 索引从 0 开始
       A
```

$$[143]: \begin{bmatrix} 4 & 5 & 6 \\ 7 & 8 & 9 \end{bmatrix}$$

```
[144]: b = Matrix([[11,12,13]])
       A.row_insert(0,b) # 将矩阵 b 插入矩阵 A 的第一行
```

$$[144]: \begin{bmatrix} 11 & 12 & 13 \\ 4 & 5 & 6 \\ 7 & 8 & 9 \end{bmatrix}$$

```
[145]: a = [1,2,3,4,5,6,7,8,9]
       A = Matrix(3,3,a)
       A = [0,:] = b
       A
```

$$\begin{bmatrix} 145 \end{bmatrix} : \begin{bmatrix} 11 & 12 & 13 \\ 4 & 5 & 6 \\ 7 & 8 & 9 \end{bmatrix}$$

### 3. 矩阵的运算

设矩阵 $A$, $B$ 是已经生成的矩阵对象,即 A = sympy. Matrix( ),矩阵运算总结如表 2 - 13 所示。

表 2 - 13 矩阵运算

| 表达式 | 说 明 |
| --- | --- |
| A + B | 矩阵加法 |
| A − B | 矩阵减法 |
| A * B | 矩阵乘法 |
| a * A | 数乘矩阵,a 为标量 |
| A. T | 矩阵 $A$ 的转置矩阵 |
| A. det( ) | 方阵 $A$ 的行列式 |
| A. rank( ) | 矩阵 $A$ 的秩 |
| A. adjugate( ) | 矩阵 $A$ 的伴随矩阵 |
| A. inv( ) | 方阵 $A$ 的逆矩阵 |
| A. rows | 矩阵 $A$ 的行数 |
| A. cols | 矩阵 $A$ 的列数 |
| A. trace( ) | 矩阵 $A$ 的迹 |
| sympy. matrix_multiply_elementwise( A,B) | 矩阵对应位置元素相乘 |

### 4. 矩阵初等变换与线性方程组求解(表 2 - 14)

设线性方程组 $Ax = b$,其中 $A$ 为系数矩阵,$b$ 为方程组常数形成的列向量。

表 2 - 14 矩阵初等变换与线性方程组求解

| 表达式 | 说 明 |
| --- | --- |
| A. echelon( ) | 矩阵 $A$ 的行阶梯型 |
| A. rref( ) | 矩阵 $A$ 的行最简形 |
| A. solve( b) | 解线性方程组 $Ax = b$ |
| A. solve_least_squares( b) | 求线性方程组 $Ax = b$ 的最小二乘解 |

### 5. 向量组与向量空间（表 2 – 15）

设 $\boldsymbol{\alpha}$，$\boldsymbol{\beta}$，$\boldsymbol{\alpha}_1$，$\boldsymbol{\alpha}_2$，$\cdots$，$\boldsymbol{\alpha}_m$ 为 $n$ 维列向量，可由 sympy. Matrix（ ）产生，$\boldsymbol{A} = \begin{bmatrix} \boldsymbol{\alpha}_1 & \boldsymbol{\alpha}_2 & \cdots & \boldsymbol{\alpha}_m \end{bmatrix}$。

表 2 – 15　向量组与向量空间

| 表达式 | 说　明 |
| --- | --- |
| α. norm（ ） | 向量 $\boldsymbol{\alpha}$ 的模长 |
| α. normalize（ ） | 向量 $\boldsymbol{\alpha}$ 的单位化 |
| α. dot（β） | 向量 $\boldsymbol{\alpha}$,$\boldsymbol{\beta}$ 的数量积 |
| α. cross（β） | 向量 $\boldsymbol{\alpha}$,$\boldsymbol{\beta}$ 的向量积 |
| α. project（β） | 向量 $\boldsymbol{\alpha}$ 在向量 $\boldsymbol{\beta}$ 方向上的投影 |
| sympy. GramSchmidt（$\begin{bmatrix} \alpha_1, \cdots, \alpha_m \end{bmatrix}$） | 向量组格拉姆施密特正交化 |
| A. nullspace（ ） | 矩阵 $\boldsymbol{A}$ 的核空间的基 |
| A. columnspace（ ） | 矩阵 $\boldsymbol{A}$ 值域的基 |
| A. rowspace（ ） | 矩阵 $\boldsymbol{A}$ 行向量生成空间的基 |

### 6. 方阵的特征值、特征向量以及对角化

设 $\boldsymbol{A}$ 为方阵，关于方阵 $\boldsymbol{A}$ 的特征值、特征向量以及对角化的方法如表 2 – 16 所示。

表 2 – 16　方阵的特征值、特征向量以及对角化的方法

| 表达式 | 说　明 |
| --- | --- |
| A. charpoly（ ） | 矩阵的特征多项式 |
| A. eigenvals（ ） | 计算矩阵的特征值 |
| A. eigenvects（ ） | 计算矩阵的特征值和特征向量 |
| P，D ＝ A. diagonalize（ ） | 矩阵 $\boldsymbol{A}$ 相似对角化 |
| A. is_diagonalizable（ ） | 判断一个矩阵可否对角化 |

# 第 3 章　常见图形绘制

## 3.1　二维图形绘制

### 【实验目的】

掌握 Python 扩展包 Matplotlib 绘制常见的二维曲线图形的方法;通过绘制常见图形,加深对空间解析几何相关部分内容的理解。

### 【实验指导】

本节绘制常见二维曲线,掌握 Matplotlib 绘图基本方法。

(1)具有解析表达式的二维曲线,$y = \sin x$,$y = \cos x$,$y = ax^2$。

(2)平面区域填充。

(3)隐函数确定的二维曲线,$x^2 - y^2 = 0$。

(4)参数形式的二维曲线,如摆线,$x = a(t - \sin t)$,$y = a(1 - \cos t)$。

(5)极坐标下的二维曲线,如心脏线、星形线等。

### 3.1.1　实验内容

例 3.1.1　绘制 $y = \sin(x)$,$x \in [0, 2\pi]$ 的曲线。

```
[146]: # 默认情况下,Matplotlib 会自动建立一个 figure 对象和一个 axes 对象
       import numpy as np
       import matplotlib. pyplot as plt
       plt. rcParams["font. family"] = "SimHei" # 显示中文字体
       plt. rcParams['axes. unicode_minus'] = False # 正确显示坐标轴上的负号
       x = np. linspace(0,2 * np. pi,50) # 描点作图,在区间[0,2 * pi]上等距离地取 50 个点,包
       # 括两个端点在内,结果为一维数组(ndarray)
       y = np. sin(x)  # 计算数组中每个点的函数值
```

```
plt.plot(x,y)    # 以数组 x 为横坐标,数组 y 为纵坐标绘制图像
plt.xlabel('X')    # 给横向坐标轴添加标注 X
plt.ylabel('Y')    # 给纵向坐标轴添加标注 Y
plt.title('函数 $y = \sin x $ 图形')    # 给图形添加标题,支持 latex 格式
plt.grid(True)    # 打开背景网格线
plt.show()    # 展示图形结果
```

绘制结果如图 3 - 1 所示。

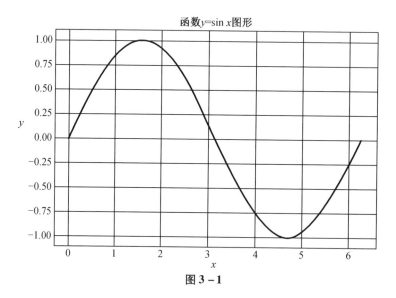

图 3 - 1

**例 3.1.2** 绘制 $y_1 = \sin x, y_2 = \cos x, x \in [0,2\pi]$ 的曲线,用不同颜色与线型显示在一张图上;然后另外绘制一张这两条曲线所围区域图。

```
[147]:  import numpy as np # as 表示把 numpy 简记为 np
        from matplotlib import pyplot as plt # 另外一种导入模块 pyplot 的方式
        plt.rcParams["font.family"] = "SimHei" # 显示中文字体
        plt.rcParams['axes.unicode_minus'] = False # 正确显示坐标轴上的负号
        x = np.linspace(0,2 * np.pi,50)
        y1 = np.sin(x)
        y2 = np.cos(x)
        fig = plt.figure(figsize =(10,5))# 建立一个画布对象,设置画布尺寸
```

```
ax1 = plt. subplot(121) #在画布对象 fig 上创建两个坐标系,1 行 2 列,取第一个坐标系
# 利用坐标系对象方法 plot 画图
ax1. plot(x,y1,' -- rs',linewidth = 2,markeredgecolor =
'k',markerfacecolor = 'g',markersize = 10)
ax1. plot(x,y2,' -- ro',LineWidth = 2,
MarkerEdgeColor = 'k',MarkerFaceColor = 'b',MarkerSize = 10)
ax1. set_xticks(np. arange(0,2 * np. pi + np. pi/4,np. pi/4))
ax1. set_xlabel('X')
ax1. set_ylabel('Y')
ax1. set_title(' $ y_1 = \sin x\, vs. y_2 = \cos x $ ')
########
ax2 = plt. subplot(1,2,2) #在画布对象上创建两个坐标系,1 行 2 列,取第二个坐标系
ax2. plot(x,y1,' -- r')
ax2. plot(x,y2,' - b')
ax2. fill_between(x,y1,y2,where = y1 > y2,color = 'g',interpolate = True) #where = y1 > y2
# 表示判断条件,interpolate = True 填充 x 值离散区域
ax2. set_title(' $ y_1 = \sin x $ 大于 $ y_2 = \cos x $ 的区域')
plt. show()
```

绘制结果如图 3 - 2 所示。

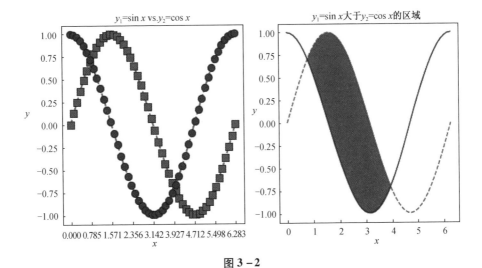

图 3 - 2

**例 3.1.3** 绘制 $y = x^2$ 的曲线，其中 $x \in [-1,1]$。

[148]:
```
# 使用 SymPy 的画图模块 plotting,也能够绘图。
from sympy import symbols
from sympy. plotting import plot
x = symbols('x')   # 定义一个符号变量
y = x**2
p = plot(y,(x,-1, 1),title = '$ y = x2 $',ylabel = 'Y',xlabel = 'X',line_color = 'k')
```

绘制结果如图 3 - 3 所示。

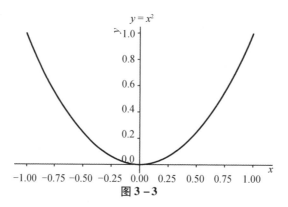

图 3 - 3

**例 3.1.4** 绘制 $x^2 - y^4 = 0$ 的曲线，其中 $x \in [-6,6]$，$y \in [-4,4]$。

[149]:
```
# 使用 SymPy 包的 plotting 模块画隐函数图形
from sympy import symbols,Eq
from sympy. plotting import plot_implicit
x,y = symbols('x y')
p = plot_implicit(Eq(x**2 - y**4,0),(x,-6,6),(y,-4,4),line_color = 'k')
```

绘制结果如图 3 - 4 所示。

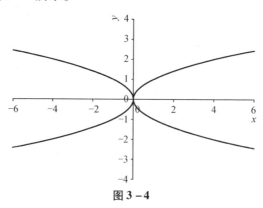

图 3 - 4

**例 3.1.5** 绘制摆线：

$$\begin{cases} x = 2(t - \sin t) \\ y = 2(1 - \cos t) \end{cases}, \ 0 \leqslant t \leqslant 100\pi$$

并将 $y$ 的范围调整在 $[-10,10]$ 内。

```
[150]:  import numpy as np
        from matplotlib import pyplot as plt
        plt. rcParams ["font. family"] = "SimHei" # 显示中文字体
        plt. rcParams ['axes. unicode_minus'] = False # 正确显示坐标轴上的负号
        t = np. linspace(0,10 * np. pi,1000)
        x = 2 * (t - np. sin(t))
        y = 2 * (1 - np. cos(t))
        fig = plt. figure(figsize = (10,5)) ### 定义一个画布,并设置画布大小
        ax = plt. subplot() #### 创建坐标系对象
        ax. plot(x,y) ### 使用 axes 对象方法 plot 画图
        ax. set_xlabel('$ X $')
        ax. set_ylabel('$ Y $')
        plt. ylim((-10,10)) #### 设置 y 轴显示范围
        plt. title('$ x = 2(t - \sin t),y = 2(1 - \cos t) $') # 设置标题
        plt. show()
```

绘制结果如图 3 - 5 所示。

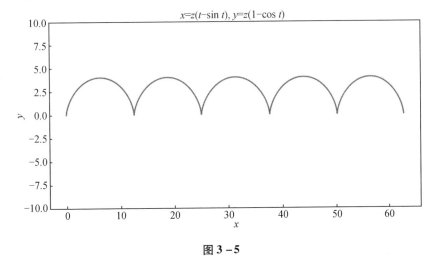

图 3 - 5

**例 3.1.6** 绘制下列 4 个子图：

- 圆：$x^2 + y^2 = 9$；

- 圆：$\dfrac{x^2}{3} + \dfrac{y^2}{4} = 1$；

- 星形线：$x^{\frac{2}{3}} + y^{\frac{2}{3}} = 1$，参数形式为 $x = \cos\theta$，$y = \sin\theta$；

- $y = \arctan x$。

[151]:
```python
# 使用 SymPy 绘图
import sympy as sy
from sympy import symbols, Eq
from sympy. plotting import plot, plot_implicit, PlotGrid
import matplotlib. pyplot as plt
plt. rcParams['figure. figsize'] = (8,8)
x,y,theta = symbols('x y theta')
p1 = plot_implicit(Eq(x ** 2 + y ** 2,9),(x, -4,4),(y, -4,4),title = 'x^2 + y^2 = 9',aspect_
   ratio = (1,1),show = False)# 设置比例 aspect_ratio = (1,1)
plot_implicit(Eq(x ** 2/3 + y ** 2/4,1),(x, -3,3),(y, -3,3),title = ' $ x^2/3 + y^2/
   4 = 1 $ ',aspect_ratio = (1,1),show = False)
p3 = plot_implicit(Eq(x ** (2/3) + y ** (2/3),1),(x, -2,2),(y, -2,2),title = ' $ x^{2/
   3} + y^{2/3} = 1 $ ',aspect_ratio = (1,1),show = False)
p4 = plot(sy. atan(x),(x, -5,5),ylabel = 'y',title = ' $ y = arctan
   x $ ',aspect_ratio = (1,1),show = False)
PlotGrid(2,2,p1,p2,p3,p4)
plt. show()
```

绘制结果如图 3 − 6 所示。

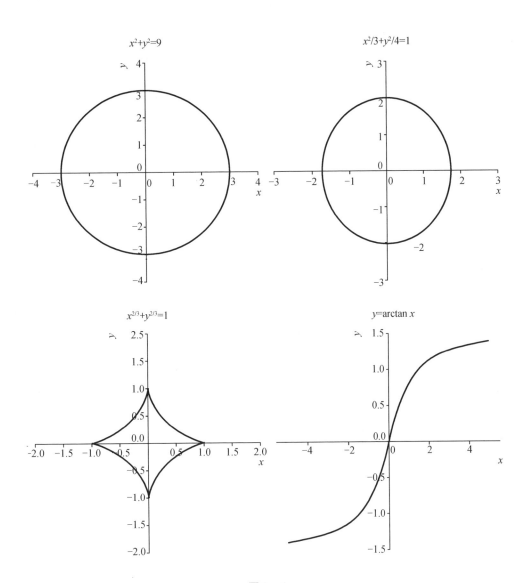

图 3－6

```
[152]: # 使用 NumPy + Matplotlib 绘图
import numpy as np
from matplotlib import pyplot as plt
plt.rcParams["font.family"] = "SimHei" # 显示中文字体
plt.rcParams['axes.unicode_minus'] = False # 正确显示坐标轴上的负号
fig = plt.figure(figsize=(8,8))
ax1 = plt.subplot(221)
t = np.linspace(0,2*np.pi,100)
x = 3*np.sin(t)
y = 3*np.cos(t)
ax1.plot(x,y)
ax1.axis('equal')
ax2 = plt.subplot(222)
x = np.sqrt(3)*np.cos(t)
y = 2*np.sin(t)
ax2.plot(x,y)
ax2.axis('equal')
ax3 = plt.subplot(223) x = np.cos(t)**3
y = np.sin(t)**3
ax3.plot(x,y)
ax3.axis('equal')
ax4 = plt.subplot(224)
x = np.linspace(-10,10,100)
y = np.arctan(x)
ax4.plot(x,y)
plt.show()
```

绘制结果如图 3 - 7 所示。

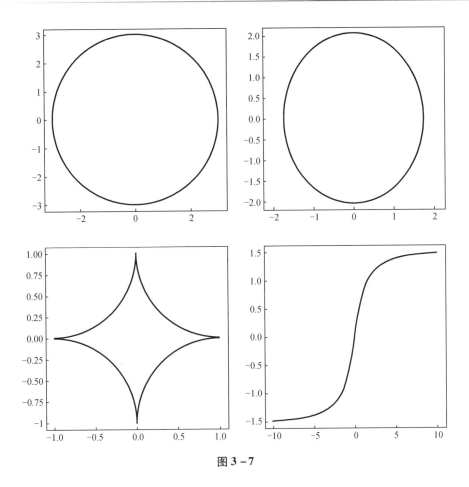

图 3 - 7

例 3.1.7 绘制心脏线 $r = a(1 - \cos\theta), a = 1$ 和阿基米德线 $r = \theta$ 的图像。

```
[153]: import numpy as np
       from matplotlib import pyplot as plt
       plt.rcParams["font.family"] = "SimHei" # 显示中文字体
       plt.rcParams['axes.unicode_minus'] = False # 正确显示坐标轴上的负号
       t = np.linspace(0,2 * np.pi,2000)
       fig = plt.figure(figsize = (8,5))
       ax1 = plt.subplot(121,polar = True)
       ax1.plot(t,(1 - np.cos(t)),'-- r',linewidth = 3)
       ax1.set_title('心脏线')
```

```
ax2 = plt. subplot(122, polar = True)
ax2. plot(t, t, ' - g', linewidth = 3)
ax2. set_title('阿基米德线')
plt. show()
```

绘制结果如图 3 - 8 所示。

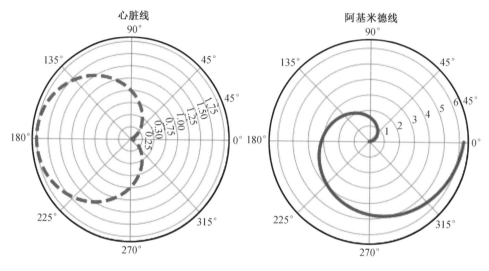

图 3 - 8

# 3.2　三维图形绘制

## 【实验目的】

（1）掌握 NumPy + Matplotlib 包和 SymPy 包绘制常见的三维曲线和曲面图形的方法；

（2）通过绘制常见图形，加深对空间解析几何相关部分内容的理解。

## 【实验指导】

本节通过绘制常见三维曲线、曲面图形，加深对空间曲线和曲面的几何直观。

（1）圆球面、椭球面；

（2）椭圆抛物面、双曲抛物面（马鞍面）、单页双曲面等；

（3）空间平面；

（4）墨西哥草帽图；

（5）螺旋线。

## 3.2.1 实验内容

**例 3.2.1** 绘制三维螺旋线：$\begin{cases} x = \sin t \\ y = \cos t \\ z = t \end{cases}$，$0 \leqslant t \leqslant 10\pi$。

```
[154]: import numpy as np
       from matplotlib import pyplot as plt
       plt. rcParams["font. family"] = "SimHei" # 显示中文字体
       plt. rcParams['axes. unicode_minus'] = False # 正确显示坐标轴上的负号
       t = np. linspace(0,10 * np. pi,500)# 在 0 到 pi 之间等距取 500 个点,包括 0 和 pi
       x = np. sin(t)
       y = np. cos(t)
       z = t
       fig = plt. figure(figsize = (6,6))
       ax = plt. subplot(projection = '3d') # 创建三维坐标对象
       ax. plot(x,y,z,linewidth = 2)
       ax. set_xlabel('$ X $')
       ax. set_ylabel('$ Y $')
       ax. set_zlabel('$ Z $')
       ax. set_title('螺旋线')
       plt. show()
```

绘制结果如图 3 - 9 所示。

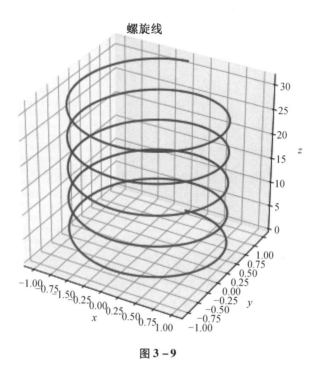

图 3 - 9

例 3. 2. 2　绘制墨西哥帽子图形：$z = \dfrac{\sin\sqrt{x^2+y^2}}{\sqrt{x^2+y^2}}$。

```
[155]:  import numpy as np

        from matplotlib import pyplot as plt

        plt. rcParams["font. family"] = "SimHei" # 显示中文字体

        plt. rcParams['axes. unicode_minus'] = False # 正确显示坐标轴上的负号

        x = np. linspace(-8,8,100)

        y = np. linspace(-8,8,100)

        X, Y = np. meshgrid(x,y)# 生成网格,X,Y 均为二维数组

        Z = np. sin(np. sqrt(X**2 + Y**2))/np. sqrt(X**2 + Y**2) #计算网格点对应的函数值

        fig = plt. figure(figsize = (14,6)) # 创建一个画布对象

        ax1 = plt. subplot(121, projection = '3d') # 在画布上创建 2 行 1 列区域,并选择第一个

        # 创建三维坐标系
```

```
ax1. plot_surface(X,Y,Z,cmap = plt. cm. rainbow) ## 网面图,cmap = plt. cm. rainbow 选择曲
# 面着色方案。
ax1. set_xlabel('$ X $') # 设置 x 轴标签
ax1. set_ylabel('$ Y $')
ax1. set_zlabel('$ Z $')
ax1. set_title('墨西哥帽子曲面图') # 设置图标题
ax2 = plt. subplot(122,projection ='3d') # 在画布上创建第二个三维坐标系
ax2. plot_wireframe(X,Y,Z) # 线框图
ax2. set_xlabel('$ X $')
ax2. set_ylabel('$ Y $')
ax2. set_zlabel('$ Z $')
ax2. set_title('墨西哥帽子线框图')
plt. show( )
```

绘制结果如图 3 – 10 所示。

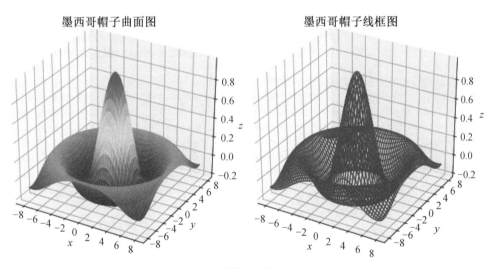

墨西哥帽子曲面图　　　　　墨西哥帽子线框图

图 3 – 10

**例 3. 2. 3** 绘制马鞍面图形：$z = \dfrac{x^2}{9} - \dfrac{y^2}{4}$。

[156]:
```
import numpy as np
from matplotlib import pyplot as plt
plt.rcParams["font.family"] = "SimHei" # 显示中文字体
plt.rcParams['axes.unicode_minus'] = False # 正确显示坐标轴上的负号
x = np.linspace(-25,25,100)
X,Y = np.meshgrid(x,x)
Z = 1/9*X**2-1/4*Y**2
fig = plt.figure(figsize=(14,6))
ax1 = plt.subplot(121,projection='3d')
ax1.plot_surface(X,Y,Z) ## 网面图
# 向各坐标平面投影
ax1.contour(X, Y, Z, zdir='z', offset=50, cmap=plt.get_cmap('rainbow'))
ax1.contour(X, Y, Z, zdir='x', offset=-30, cmap=plt.get_cmap('rainbow'))
ax2 = plt.subplot(122,projection='3d')
ax2.plot_wireframe(X,Y,Z) # 线框图
plt.show()
```

绘制结果如图 3 - 11 所示。

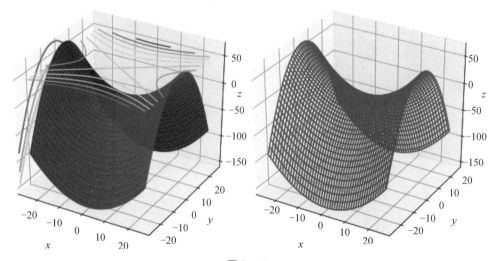

图 3 - 11

**例 3.2.4** 绘制椭圆抛物面：$z = \dfrac{x^2}{2} + \dfrac{y^2}{4}$。

[157]:
```
import numpy as np
from matplotlib import pyplot as plt
plt.rcParams["font.family"] = "SimHei" # 显示中文字体
plt.rcParams['axes.unicode_minus'] = False # 正确显示坐标轴上的负号
x = np.linspace(-50,50,200)
X,Y = np.meshgrid(x,x)
Z = 1/2*X**2+1/4*Y**2
fig = plt.figure(figsize=(14,6))
ax1 = plt.subplot(121,projection='3d')
ax1.plot_surface(X,Y,Z,color='g') ## 网面图
# 向各坐标平面投影
ax1.contour(X, Y, Z, zdir='z', offset=0, cmap=plt.get_cmap('rainbow'))
ax1.contour(X, Y, Z, zdir='x', offset=60)
ax2 = plt.subplot(122,projection='3d')
ax2.plot_wireframe(X,Y,Z) # 线框图
plt.show()
```

绘制结果如图 3 - 12 所示。

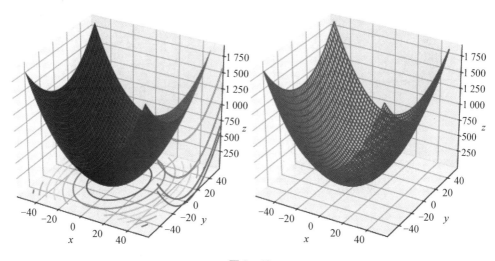

**图 3 - 12**

**例 3.2.5** 绘制单位球面：$x^2 + y^2 + z^2 = 1$。

[158]:
```python
import numpy as np
import matplotlib.pyplot as plt
U = np.linspace(0, 2 * np.pi, 100)
V = np.linspace(0, np.pi, 100)
u,v = np.meshgrid(U,V)
x = np.cos(u) * np.sin(v)
y = np.sin(u) * np.sin(v)
z = np.cos(v)
fig = plt.figure(figsize=(14,6))
ax1 = plt.subplot(121, projection='3d')
ax1.plot_surface(x, y, z)
ax2 = plt.subplot(122, projection='3d')
ax2.plot_wireframe(x,y,z)
plt.show()
```

绘制结果如图 3-13 所示。

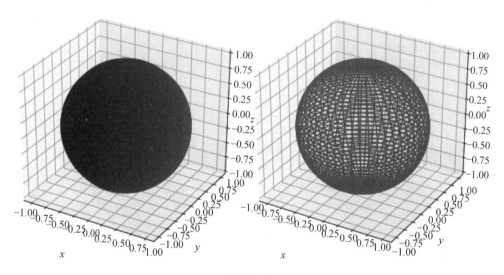

**图 3-13**

**例 3.2.6** 绘制椭球面：$\dfrac{(x-1)^2}{4^2} + \dfrac{y^2}{3^2} + \dfrac{(z+1)^2}{2^2} = 1$。

[159]:
```
import numpy as np
import matplotlib. pyplot as plt
U = np. linspace(0, 2 * np. pi, 100)
V = np. linspace(0, np. pi, 100)
u,v = np. meshgrid(U,V)
x = 1 + 4 * np. cos(u) * np. sin(v)
y = 3 * np. sin(u) * np. sin(v)
z = 2 * np. cos(v) - 1
fig = plt. figure(figsize = (14,5))
ax1 = plt. subplot(121, projection = '3d')
ax1. plot_surface(x, y, z, rstride = 5, cstride = 5)
# 行取样间隔 rstride = 5, 列取样间隔 cstride = 5,默认均为 1
ax2 = plt. subplot(122, projection = '3d')
ax2. plot_wireframe(x,y,z, rstride = 5, cstride = 5)
plt. show()
```

绘制结果如图 3 – 14 所示。

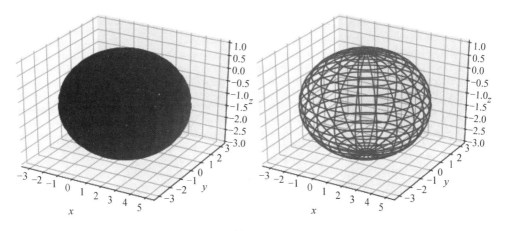

**图 3 – 14**

**例3.2.7** 绘制单叶双曲面：$\dfrac{x^2}{2^2} + \dfrac{y^2}{3^2} - \dfrac{z^2}{4^2} = 1$。

[160]:
```
import numpy as np
from matplotlib import pyplot as plt
plt.rcParams["font.family"] = "SimHei" # 显示中文字体
plt.rcParams['axes.unicode_minus'] = False # 正确显示坐标轴上的负号
t = np.linspace(0,2 * np.pi,100)
z = np.linspace( - 10,10,100)
T,Z = np.meshgrid(t,z)
X = 2 * np.sqrt(Z ** 2/16 + 1) * np.cos(T); # 运用单叶双曲面的参数方程
Y = 3 * np.sqrt(Z ** 2/16 + 1) * np.sin(T);
fig = plt.figure(figsize = (12,6))
ax1 = plt.subplot(121,projection = '3d')
ax1.plot_surface(X,Y,Z,color = 'g') ## 网面图
ax1.set_xlabel(' $ X $ ')
ax1.set_ylabel(' $ Y $ ')
ax1.set_zlabel(' $ Z $ ')
ax1.contour(X, Y, Z, zdir = 'z', offset = 0, cmap = plt.get_cmap('rainbow'))
ax1.contour(X, Y, Z, zdir = 'x', offset = -6, cmap = plt.get_cmap('rainbow'))
ax2 = plt.subplot(122,projection = '3d')
ax2.plot_wireframe(X,Y,Z) # 线框图
plt.show()
```

绘制结果如图3 -15所示。

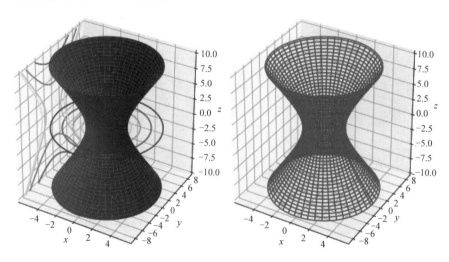

**图 3 -15**

**例 3.2.8** 绘制方程：$\dfrac{x^2}{4} + \dfrac{y^2}{9} - \dfrac{z^2}{16} = -1$ 表示的曲面图和线框图。

参数方程为

$$\begin{cases} x = 2\sqrt{u^2-1}\cos v \\ y = 3\sqrt{u^2-1}\sin v \\ z = 4u \end{cases}, \ 0 \leqslant v \leqslant 2\pi$$

[161]:
```python
import numpy as np
from matplotlib import pyplot as plt
plt.rcParams["font.family"] = "SimHei" # 显示中文字体
plt.rcParams['axes.unicode_minus'] = False # 正确显示坐标轴上的负号
t = np.linspace(0,2*np.pi,50)
u = np.linspace(1,5,10)
u1 = np.linspace(-5,-1,10)
T,U = np.meshgrid(t,u)
T1,U1 = np.meshgrid(t,u1)
X = 2*np.sqrt(U**2-1)*np.cos(T) ### u>=1
Y = 3*np.sqrt(U**2-1)*np.sin(T)
Z = 4*U
X1 = 2*np.sqrt(U1**2-1)*np.cos(T1)### u<=-1
Y1 = 3*np.sqrt(U1**2-1)*np.sin(T1)
Z1 = 4*U1
fig = plt.figure(figsize=(12,6))
ax1 = plt.subplot(121,projection='3d')
ax1.plot_surface(X,Y,Z,color='g') ## 网面图
ax1.plot_surface(X1,Y1,Z1,color='g')
ax1.contour(X, Y, Z, zdir = 'z', offset = 0, cmap = plt.get_cmap('rainbow'))
ax1.contour(X, Y, Z, zdir = 'x', offset = -10, cmap = plt.get_cmap('rainbow'))
ax1.contour(X1, Y1, Z1, zdir = 'x', offset = -10, cmap = plt.
  get_cmap('rainbow'))
ax2 = plt.subplot(122,projection='3d')
ax2.plot_wireframe(X,Y,Z) # 线框图
ax2.plot_wireframe(X1,Y1,Z1)
plt.show()
```

绘制结果如图 3 – 16 所示。

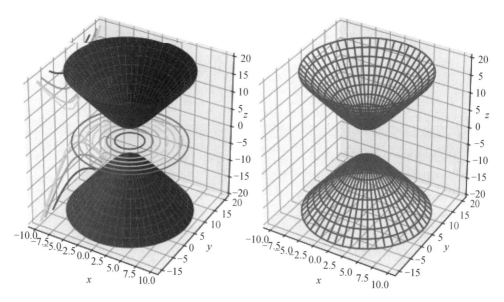

图 3 – 16

**例 3. 2. 9** 绘制平面：$x + y - z = 1$。

```
[162]: import numpy as np
       from matplotlib import pyplot as plt
       plt.rcParams["font.family"] = "SimHei" # 显示中文字体
       plt.rcParams['axes.unicode_minus'] = False # 正确显示坐标轴上的负号
       x = np.linspace(-50,50,200)
       X,Y = np.meshgrid(x,x)
       Z = X + Y - 1
       fig = plt.figure(figsize=(12,6))
       ax1 = plt.subplot(121,projection='3d')
       ax1.plot_surface(X,Y,Z,color='g') ## 网面图
       ax1.view_init(elev=10, azim=30) # 设置仰角 elev=10°, 方位角 azim=30°
       ax2 = plt.subplot(122,projection='3d')
       ax2.plot_wireframe(X,Y,Z) # 线框图
       plt.show()
```

绘制结果如图 3-17 所示。

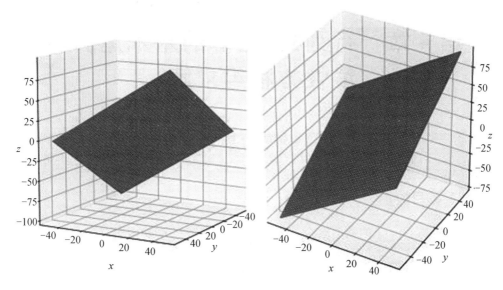

**图 3-17**

## 3.2.2 实验习题

1. 绘制 $y = \sin(\cos x)$，$x \in [2\pi, 2\pi]$。

2. 绘制圆环面方程：$(\sqrt{x^2 + y^2} - R)^2 + z^2 = r^2$，假设 $R = 6, r = 2$。

提示：圆环面的参数方程为

$$\begin{cases} x = (R + r\cos u)\cos v \\ y = (R + r\cos u)\sin v \\ z = r\sin u \end{cases}, \quad u \in [-2\pi, 2\pi], \ v \in [0, 2\pi]$$

# 第4章 行列式、矩阵的基本运算与线性方程组求解

## 4.1 矩阵的基本运算

### 【实验目的】

（1）熟悉 NumPy 的数据结构类型 ndarray，掌握数组 ndarray 的运算；

（2）能熟练地应用数组计算矩阵的加、减、乘、逆和方阵的行列式等；

（3）能运用数组或矩阵求解代数问题。

### 【实验内容】

**例 4.1.1** 已知矩阵 $A, B$ 如下：

$$A = \begin{bmatrix} 3 & 4 & -1 \\ 6 & 5 & 0 \\ 1 & -4 & 7 \end{bmatrix}, B = \begin{bmatrix} 1 & 3 & 4 \\ 7 & 9 & 16 \\ 8 & 11 & 20 \end{bmatrix}$$

（1）输入矩阵 $A, B$；

（2）求 $A$ 的转置矩阵，$A + B, AB$ 的值，分别用 $X1, X2, X3$ 表示；

（3）求矩阵 $A$ 的行列式，$A$ 的秩，分别用 $X4, X5$ 表示；

（4）求 $A$ 的逆，用 $X6$ 表示；

（5）求矩阵 $A$ 的迹，矩阵 $B$ 的伴随矩阵，分别用 $X7, X8$ 表示。

[163]:
```
# 用二维数组表示矩阵
import numpy as np
from scipy import linalg
# 输入矩阵 A
A = np.array([[3,4,-1],[6,5,0],[1,-4,7]])
A
```

[163]: array([[ 3,  4, -1],
        [ 6,  5,  0],
        [ 1, -4,  7]])

[164]: # 输入矩阵 B
B = np.array([[1,3,4],[7,9,16],[8,11,20]])
B

[164]: array([[ 1,  3,  4],
        [ 7,  9, 16],
        [ 8, 11, 20]])

[165]: #A 的转置矩阵
X1 = np.transpose(A) # 或者 X1 = A.T
X1

[165]: array([[ 3,  6,  1],
        [ 4,  5, -4],
        [-1,  0,  7]])

[166]: # 矩阵加法
X2 = A + B
X2

[166]: array([[ 4,  7, 13],
        [ 13, 14, 16],
        [ 9,  7, 27]])

[167]: # 矩阵乘法
X3 = np.dot(A,B)
#X3 = A@B # python3.x 新引进矩阵乘法的符号 @
X3

[167]: array([[ 23, 34,  56],
        [ 41, 63, 104],
        [ 29, 44,  80]])

[168]:
```
# 方阵的行列式
X4 = linalg.det(A)
X4
```

[168]: -34.0

[169]:
```
# 矩阵的秩,NumPy 包中 linalg 模块下的函数 matrix_rank()
X5 = np.linalg.matrix_rank(A)
X5
```

[169]: 3

[170]:
```
# 方阵的逆
X6 = linalg.inv(A)
X6
```

[170]: array([[-1.02941176,  0.70588235, -0.14705882],
        [ 1.23529412, -0.64705882,  0.17647059],
        [ 0.85294118, -0.47058824,  0.26470588]])

[171]:
```
: # 矩阵 A 的迹
X7 = np.trace(A) # 也可以利用 A.trace()
X7
```

[171]: 15

[172]:
```
# 矩阵 B 的伴随矩阵
X8 = linalg.det(B) * linalg.inv(B)
X8
```

[172]: array([[   4., -16.,  12.],
        [ -12.,  12.,  12.],
        [   5.,  13., -12.]])

使用符号计算包 SymPy 计算矩阵的伴随矩阵。

[173]:
```
from sympy import Matrix
B = Matrix([[1,3,4],[7,9,16],[8,11,20]])
B.adjugate()
```

$$[173]: \begin{bmatrix} 4 & -16 & 12 \\ -12 & -12 & 12 \\ 5 & 13 & -12 \end{bmatrix}$$

**例 4. 1. 2** 生成元素为 0 到 1 之间的随机矩阵 $A_{3\times3}$，生成元素为 0 到 100，并且元素全是整数的随机矩阵 $B_{3\times3}$，并执行下列操作：

(1)求出矩阵 $A$ 与矩阵 $B$ 的行列式；

(2)求出矩阵 $A$ 的秩；

(3)左右翻转矩阵 $A$；

(4)验证 $(A+B)^{\mathrm{T}} = A^{\mathrm{T}} + B^{\mathrm{T}}$；

(5)验证 $(AB)^{-1} = B^{-1}A^{-1}$；

(6)验证 $(A+B)^{-1} \neq A^{-1} + B^{-1}$

```
[174]: import numpy as np
       from scipy import linalg
       from numpy import random as rd
       #(1) 生成三阶随机矩阵
       A = rd. random((3,3))
       A
```

```
[174]: array([[ 0.77751902,  0.71370091,  0.67077024],
              [ 0.59934014,  0.79283221,  0.28110865],
              [ 0.15781955,  0.27898187,  0.07378513]])
```

```
[175]: # 生成元素为 0 到 100 之间并且元素全是整数的随机矩阵 B
       B = rd. randint(0,101,(3,3))
       B
```

```
[175]: array([[ 52,  9, 20],
              [ 10, 70, 86],
              [ 80, 83, 27]])
```

```
[176]: linalg. det(A)
```

```
[176]: 0.012835744127333053
```

[177]: linalg. det( B)

[177]: -308806. 0

[178]: #(2) 求出矩阵 A 的秩
np. linalg. matrix_rank( A)

[178]: 3

[179]: #(3) 左右翻转矩阵 A
np. fliplr( A)

[179]: array([[ 0.67077024, 0.71370091, 0.77751902 ],
          [ 0.28110865, 0.79283221, 0.59934014 ],
          [ 0.07378513, 0.27898187, 0.15781955 ]])

[180]: #(4) 验证 (A+B)^T = A^T + B^T
(A + B). T == A. T + B. T   # 结果为元素为 bool 型的二维数组

[180]: array([[ True,  True,  True ],
          [ True,  True,  True ],
          [ True,  True,  True ]])

[181]: #(5) 验证 (AB)^-1 = (A^-1)(B^-1)
linalg. inv( ( A@ B) )

[181]: array([[ -0.01978557,   0.17890727,  -0.47426417 ],
          [   0.0785872 ,  -0.33903213,   0.7647183 ],
          [ -0.06153699,   0.2112249 ,  -0.40110868 ]])

[182]: ( linalg. inv( B) )@ ( linalg. inv( A) )

[182]: array([[ -0.01978557,   0.17890727,  -0.47426417 ],
          [   0.0785872 ,  -0.33903213,   0.7647183 ],
          [ -0.06153699,   0.2112249 ,  -0.40110868 ]])

[183]: #(6) 验证 (A+B)^-1 不等于 A^-1 + B^-1
linalg. inv( ( A + B) )

[183]：array([[ −0.01684759，  −0.0046636 ，   0.00199927 ]，
            [ −0.02119755，   0.00072918，   0.01386047 ]，
            [  0.01532272，   0.01156465，  −0.01161799 ]])

[184]： (linalg. inv(A)) + (linalg. inv(B))

[184]：array([[ −1.53531042e +00，   1.04717982e +01，  −2.57994186e +01 ]，
            [ −1.03382028e −02，  −3.77719984e +00，   1.43061266e +01 ]，
            [  3.29383916e +00，  −8.11236792e +00，   1.46890553e +01 ]])

**例 4.1.3** 已知矩阵 $A = \begin{bmatrix} 1 & 2 & 3 \\ 4 & 5 & 6 \\ 7 & 8 & 9 \end{bmatrix}$，用 reshape 命令将矩阵 $A$ 排成 1 行 9 列的

矩阵 $C_{1 \times 9}$。

[185]： A = np. array([[1,2,3],[4,5,6],[7,8,9]])
       A. reshape((1,9))

[185]：array([[1， 2， 3， 4， 5， 6， 7， 8， 9]])

## 4.2.2　实验习题

1. 利用二维数组输入矩阵 $A = \begin{bmatrix} 1 & 2 & 3 \\ 0 & 4 & 6 \\ 0 & 0 & 9 \end{bmatrix}$。

2. 生成元素为 0 到自己学号之间并且元素全是随机整数的矩阵 $A_4$，并求 $A_4$ 的行列式、转置、逆，并左右翻转。

3. 意大利数学家列昂纳多·斐波那契(1170—1240)发明了著名的 Fibonacci 数列，以往曾在很多场合被作为密码，它的形式是：

$$1, 1, 2, 3, 5, 8, 13, \cdots$$

即

$$\begin{cases} f(n+1) = f(n) + f(n-1) \\ f(n) = f(n) \end{cases}, n = 2,3,\cdots$$

写成矩阵形式为 $\begin{bmatrix} f(n) \\ f(n+1) \end{bmatrix} = \begin{bmatrix} 0 & 1 \\ 1 & 1 \end{bmatrix} \begin{bmatrix} f(n-1) \\ f(n) \end{bmatrix}$，用矩阵表达式求 $f(18)$，$f(19)$。

# 4.2 行列式及其几何应用

## 【实验目的】

（1）熟悉 Python 的 NumPy 库中求解行列式的命令；

（2）通过 Python 语言验证与行列式有关的各种公式和定理，从而加深对相关概念的理解；

（3）熟悉 Python 符号计算包 SymPy。

## 【实验内容】

**例 4.2.1** 根据行列式的几何意义，计算已知图形的面积。已知三角形 $\triangle ABC$ 三个顶点的坐标分别为 $(1,5),(4,3),(2,-1)$，计算三角形的面积，并在平面直角坐标系中画出该三角形。

**解：** $\triangle ABC$ 顶点的坐标为 $(a_i, b_i)$，$i = 1,2,3$，则向量 $\overrightarrow{AB} = \overrightarrow{OB} - \overrightarrow{OA}$，$\triangle ABC$ 的面积等于向量 $\overrightarrow{AB}$ 和向量 $\overrightarrow{AC}$ 构成平行四边形面积的一半。根据行列式的几何意义，得到三角形面积公式为二阶行列式的绝对值：

$$S = \frac{1}{2}\text{abs}\left( \begin{vmatrix} a_2 - a_1 & b_2 - b_1 \\ a_3 - a_1 & b_3 - b_1 \end{vmatrix} \right)$$

其中，abs 代表绝对值。

```
[186]: import numpy as np
       from scipy import linalg
       import matplotlib.pyplot as plt
       a = np.array([1,5])
       b = np.array([4,3])
       c = np.array([2,-1])
```

```
[187]: A = np.vstack((b-a,c-a))   #vstack() 垂直串联两个数组
       # 用 ndarray 的定义也可以，A = np.array([list(b-a),list(c-a)])
       A
```

[187]: array([[ 3, -2],
              [ 1, -6]])

[188]:
```
S = np.abs(linalg.det(A))/2
# 行列式 A 的绝对值为平行四边形面积,1/2 为三角形 ABC 面积。
S
```

[188]: 8.0

[189]:
```
fig = plt.figure(figsize = (5,5))# 创建一个画布
ax = plt.gca()# 在当前画布建立一个坐标系
A1 = np.array([[1,5],[4,3],[2,-1],[1,5]])
ax.plot(A1[:,0],A1[:,1])
ax.grid(True)
plt.show()
```

△ABC 如图 4 - 1 所示。

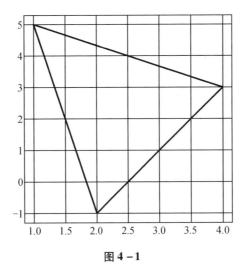

图 4 - 1

例 4.2.2 求向量 $u = [1,2,3], v = [3,1,0], w = [0,5,1]$ 所构成的四面体的体积。

$$V = \frac{1}{6}\text{abs}\left(\begin{vmatrix} 1 & 2 & 3 \\ 3 & 1 & 0 \\ 0 & 5 & 1 \end{vmatrix}\right)$$

[190]:
```
import numpy as np
from scipy import linalg
u = np.array([1,2,3])
v = np.array([3,1,0])
w = np.array([0,5,1])
A = np.vstack((u,v,w))
print(A) # 输出显示矩阵 A
V = np.abs(linalg.det(A)/6)
print(V) # 输出显示 V
```

```
[[ 1, 2, 3]
 [ 3, 1, 0]
 [ 0, 5, 1]])
6.666666666666665
```

**例 4.2.3** 求矩阵 $\begin{bmatrix} a_{11} & a_{12} \\ a_{21} & a_{22} \end{bmatrix}$ 的行列式值、逆。

[191]:
```
# 使用符号计算库 SymPy
import sympy as sy # 导入库
a11,a12,a21,a22 = sy.symbols('a11,a12,a21,a22') # 定义符号变量 a11,a12,a21,a22
A = sy.Matrix([[a11,a12],[a21,a22]]) # 由符号变量生成矩阵 A
A
```

[191]: $\begin{bmatrix} a_{11} & a_{12} \\ a_{21} & a_{22} \end{bmatrix}$

[192]:
```
A.det() # 计算矩阵 A 的行列式
```

[192]: $a_{11}a_{22} - a_{12}a_{21}$

〔193〕：A. inv ( ) # 计算矩阵 A 的逆

〔193〕：$\begin{bmatrix} \dfrac{a_{22}}{a_{11}a_{22}-a_{12}a_{21}} & -\dfrac{a_{12}}{a_{11}a_{22}-a_{12}a_{21}} \\[3mm] -\dfrac{a_{21}}{a_{11}a_{22}-a_{12}a_{21}} & \dfrac{a_{11}}{a_{11}a_{22}-a_{12}a_{21}} \end{bmatrix}$

### 4.2.2　实验习题

1. 已知 $\boldsymbol{A} = \begin{bmatrix} 5 & -2 & 2 \\ -3 & 0 & 5 \\ 2 & 5 & 3 \end{bmatrix}$，$\boldsymbol{B} = \begin{bmatrix} 3 & 3 & 4 \\ -2 & 1 & -3 \\ 2 & -2 & 1 \end{bmatrix}$，利用 Python 计算：

(1) 计算矩阵 $\boldsymbol{A}$ 的行列式；

(2) 分别计算下列各式 $n * \boldsymbol{A} - \boldsymbol{B}, \boldsymbol{AB}, \boldsymbol{AB}^{-1}, \boldsymbol{A}^{-1}\boldsymbol{B}, \boldsymbol{A}^{n}, \boldsymbol{A}^{\mathrm{T}}$，其中 $n$ 为自己学号的最后两位。

2. 求一个顶点在原点，相邻顶点为 $(1,0,-2),(2,2,5),(6,3,1)$ 的平行六面体的体积。

3. 利用 Python 扩展包 SymPy 求矩阵 $\boldsymbol{A} = \begin{bmatrix} a_{11} & a_{12} & a_{13} \\ a_{21} & a_{22} & a_{23} \\ a_{31} & a_{32} & a_{33} \end{bmatrix}$ 的行列式及逆。

# 4.3　线性方程组的求解

## 【实验目的】

(1) 掌握 Python 的 SciPy 包 linalg 模块中求解线性方程组的若干方法；

(2) 了解求解线性超定方程组、欠定方程组的方法。

### 4.3.1　实验内容

**例 4.3.1**　用克莱姆法则解线性方程组

$$\begin{cases} x_1 + 3x_2 + x_3 + 2x_4 = b(1) \\ 3x_1 + 4x_2 + 2x_3 - 3x_4 = b(2) \\ -x_1 - 5x_2 + 4x_3 + x_4 = b(3) \\ 2x_1 + 7x_2 + x_3 - 6x_4 = b(4) \end{cases}$$

其中 $b(1), b(2), b(3), b(4)$ 为取值于 0~20 之间的随机整数。

[194]:
```
import numpy as np
from scipy import linalg
from numpy import random as rd
a1 = np.array([1,3,-1,2])
a2 = np.array([3,4,-5,7])
a3 = np.array([1,2,4,1])
a4 = np.array([2,-3,1,-6])
A = np.stack((a1,a2,a3,a4),axis=1) # 在1轴方向拼接数组
#A = np.vstack((a1,a2,a3,a4)).T
#垂直方向拼接数组,然后转置得到二维数组 A,表示系数矩阵
A   # 显示二维数组结果
```

[194]: array([[  1,   3,   1,   2],
             [  3,   4,   2,  -3],
             [ -1,  -5,   4,   1],
             [  2,   7,   1,  -6]])

[195]:
```
rd.seed(50)
b = np.random.randint(21,size=4)
# 生成一个含四个整数的一维数组,其中整数是在(0,20)中随机选取
b
```

[195]: array([16,  0,  11,  13])

[196]:
```
"""
三个引号之间的内容为注释,和'#'作用一样,好处是可多行。
这个注释里描述了用 b 代替 A 中的第 i 列得到矩阵的另外一种方法。
D1 = A.copy()# 拷贝数组(浅拷贝),防止做切片和赋值时改动数组 A 的结果
D1[:,0] = b  # 用数组 b 修改二维数组 D1 的第一列
```

```
D2 = A. copy( )
D2[ :,1] = b
D3 = A. copy( )
D3[ :,2] = b
D4 = A. copy( )
D4[ :,3] = b

"""

"""
引号间是可供选择的一种循环方式
for i in range( 4) :
    A0 = A. copy( )
    A0[ :,i] = b
    print( np. linalg. det( A0)/np. linalg. det( A) )
"""

# 先删除 A( np. delete( A,0,axis = 1) )的第一列,然后再插入一列
D1 = np. insert( np. delete( A,0,axis = 1) ,0,b,axis = 1)
D2 = np. insert( np. delete( A,1,axis = 1) ,1,b,axis = 1)
D3 = np. insert( np. delete( A,2,axis = 1) ,2,b,axis = 1)
D4 = np. insert( np. delete( A,3,axis = 1) ,3,b,axis = 1)
```

[197]:
```
x1,x2,x3,x4 = linalg. det( D1)/linalg. det( A) ,linalg. det( D2)/linalg. det( A) ,linalg.
    det( D3)/linalg. det( A) ,linalg. det( D4)/linalg. det( A)
x1,x2,x3,x4    # 克莱姆法则解方程组
```

[197]: ( -9. 32258064516129, 5. 129032258064516, 6. 387096774193548, 1. 774193548387097)

可以用循环语句实现上面的过程。

[198]:
```
import numpy as np
from scipy import linalg
from numpy import random as rd
a1 = np. array( [ 1,3, -1,2] )
a2 = np. array( [ 3,4, -5,7] )
```

```
a3 = np. array([1,2,4,1])
a4 = np. array([2,-3,1,-6])
A = np. stack((a1,a2,a3,a4),axis = 1)
rd. seed(50)# 设置随机种子
b = rd. randint(21,size = 4)   # 在(0,20)随机取 4 个整数,生成一维数组
print('方程组的解为:')
for i in range(4):
    D = np. insert(np. delete(A,i,axis = 1),i,b,axis = 1)
    x = linalg. det(D)/linalg. det(A)
    print('x{} = {}\n'. format(i + 1,x))
```

方程组的解为:

x1 = -9.32258064516129

x2 = 5.129032258064516

x3 = 6.387096774193548

x4 = 1.774193548387097

**例 4.3.2** 利用方阵的逆矩阵求解线性方程组

$$\begin{cases} x_1 + 3x_2 + x_3 + 2x_4 = b(1) \\ 3x_1 + 4x_2 + 2x_3 - 3x_4 = b(2) \\ -x_1 - 5x_2 + 4x_3 + x_4 = b(3) \\ 2x_1 + 7x_2 + x_3 - 6x_4 = b(4) \end{cases}$$

其中 $b(1),b(2),b(3),b(4)$ 为取值于 $0\sim 20$ 之间的随机整数。

```
[199]: import numpy as np
from scipy import linalg
from numpy import random as rd
a1 = np. array([1,3,1,2])
a2 = np. array([3,4,2,-3])
a3 = np. array([-1,-5,4,1])
a4 = np. array([2,7,1,-6])
A = np. stack((a1,a2,a3,a4))
rd. seed(50)
b = np. random. randint(21,size = 4) # 右端常数项生成一个一维数组
A
```

[199]: array([[  1,   3, 1   2],
            [  3,   4, 2  -3],
            [ -1,  -5, 4   1],
            [  2,   7, 1  -6]])

[200]: 
```
#x = np.dot(linalg.inv(A),b)
x = linalg.inv(A)@ b
print('方程组的解为:')
for i in range(4):
    print('x{} = {}'.format(i+1,x[i]))
```

方程组的解为:

x1 = -9.322580645161288

x2 = 5.129032258064516

x3 = 6.387096774193548

x4 = 1.7741935483870974

**例 4.3.3**　利用高斯消去法(初等变换)求解线性方程组

$$\begin{cases} x_1 + 3x_2 + x_3 + 2x_4 = b(1) \\ 3x_1 + 4x_2 + 2x_3 - 3x_4 = b(2) \\ -x_1 - 5x_2 + 4x_3 + x_4 = b(3) \\ 2x_1 + 7x_2 + x_3 - 6x_4 = b(4) \end{cases}$$

其中 $b(1), b(2), b(3), b(4)$ 为取值于 $0 \sim 20$ 之间的随机整数。

[201]: 
```
# 写出系数矩阵为二维数组 A
import numpy as np
from scipy import linalg
from numpy import random as rd
# 该方程组为 AX = b
# 生成一个列向量,用二维数组 (4,1) 表示 , -1 表示行是自动取
a1 = np.array([1.0,3,-1,2]).reshape(-1,1)
a2 = np.array([3,4,-5,7]).reshape(-1,1)
a3 = np.array([1,2,4,1]).reshape(-1,1)
```

```
a4 = np. array([2, -3, 1, -6]). reshape( -1, 1)
rd. seed(50)
b = np. random. randint(21, size = 4). reshape( -1, 1)    # 常数项形成二维数组
A = np. hstack((a1, a2, a3, a4, b))  # 水平方向拼接数组, 用二维数组 A 表示增广矩阵
A  # 显示二维数组结果
```

[201]: array([[  1.,    3.,    1.,    2.,   16.  ],
              [  3.,    4.,    2.,   -3.,    0.  ],
              [ -1.,   -5.,    4.,    1.,   11.  ],
              [  2.,    7.,    1.,   -6.,   13.  ]])

```
[202]: A[1, :] += -3 * A[0, :] # 表示 A[1, :] = A[1, :] -3 * A[0, :]
       A[2, :] += A[0, :]   # 表示 A[2, :] = A[2, :] + A[0, :]
       A[3, :] += -2 * A[0, :]
       A
```

[202]: array([[  1.,    3.,    1.,    2.,    16.  ],
              [  0.,   -5.,   -1.,   -9.,   -48.  ],
              [  0.,   -2.,    5.,    3.,    27.  ],
              [  0.,    1.,   -1.,  -10.,   -19.  ]])

```
[203]: A[[1,3], :] = A[[3,1], :] # 运用数组索引, 交换第二行和第四行
       A
```

[203]: array([[  1.,    3.,    1.,    2.,    16.  ],
              [  0.,    1.,   -1.,  -10.,   -19.  ],
              [  0.,   -2.,    5.,    3.,    27.  ],
              [  0.,   -5.,   -1.,   -9.,   -48.  ]])

```
[204]: A[2, :] += 2 * A[1, :] # 第二行的 2 倍加到第三行上
       A[3, :] += 5 * A[1, :] # 第二行的 5 倍加到第四行上
       A
```

[204]: array([[  1.,    3.,    1.,     2.,     16.  ],
              [  0.,    1.,   -1.,   -10.,    -19.  ],
              [  0.,    0.,    3.,   -17.,    -11.  ],
              [  0.,    0.,   -6.,   -59.,   -143.  ]])

[205]: A[3,:] + = 2 * A[2,:]
A

[205]: array([[ 1., 3., 1., 2., 16. ],
[ 0., 1., -1., -10., -19. ],
[ 0., 0., 3., -17., -11. ],
[ 0., 0., 0., -93., -165. ]])

[206]: A[3,:] = A[3,:]/-93.0 # 第三行除以(-93)
A

[206]: array([[ 1., 3., 1., 2., 16. ],
[ 0., 1., -1., -10., -19. ],
[ 0., 0., 3., -17., -11. ],
[ -0., -0., -0., -1., 1.77419355]])

[207]: A[0,:] + = - 3 * A[1,:]
A

[207]: array([[ 1., 0., 4., 32., 73. ],
[ 0., 1., -1., -10., -19. ],
[ 0., 0., 3., -17., -11. ],
[ -0., -0., -0., 1., 1.77419355]])

[208]: A[2,:] + = 17 * A[3,:]
A

[208]: array([[ 1., 0., 4., 32., 73. ],
[ 0., 1., -1., -10., -19. ],
[ 0., 0., 3., 0., 19.16129032],
[ -0., -0., -0., 1., 1.77419355]])

[209]: A[1,:] + = 10 * A[3,:]
A

[209]: array([[  1.,     0.,     4.,    32.,      73.          ],
              [  0.,     1.,    -1.,     0.,     -1.25806452 ],
              [  0.,     0.,     3.,     0.,     19.16129032 ],
              [ -0.,    -0.,    -0.,     1.,      1.77419355 ]])

[210]: A[0,:] += -32 * A[3,:]
       A

[210]: array([[  1.,     0.,     4.,     0.,     16.22580645 ],
              [  0.,     1.,    -1.,     0.,      1.25806452 ],
              [  0.,     0.,     3.,     0.,     19.16129032 ],
              [ -0.,    -0.,    -0.,     1.,      1.77419355 ]])

[211]: A[2,:] = A[2,:]/3.0
       A

[211]: array([[  1.,     0.,     4.,     0.,     16.22580645 ],
              [  0.,     1.,    -1.,     0.,     -1.25806452 ],
              [  0.,     0.,     1.,     0.,      6.38709677 ],
              [ -0.,    -0.,    -0.,     1.,      1.77419355 ]])

[212]: A[1,:] += A[2,:]
       A

[212]: array([[  1.,     0.,     4.,     0.,     16.22580645 ],
              [  0.,     1.,     0.,     0.,      5.12903226 ],
              [  0.,     0.,     1.,     0.,      6.38709677 ],
              [ -0.,    -0.,    -0.,     1.,      1.77419355 ]])

[213]: A[0,:] += -4 * A[2,:]
       A

[213]: array([[  1.,     0.,     0.,     0.,     -9.32258065 ],
              [  0.,     1.,     0.,     0.,      5.12903226 ],
              [  0.,     0.,     1.,     0.,      6.38709677 ],
              [ -0.,    -0.,    -0.,     1.,      1.77419355 ]])

[214]:
```
# 另外,可以通过 SymPy 库中的 Matrix. rref( )得到增广矩阵的行最简形。
import sympy as sy
from numpy import random as rd
A = sy. Matrix([[1,3,1,2],[3,4,2,-3],[-1,-5,4,1],[2,7,1,-6]])
rd. seed(50)
b = sy. Matrix(rd. randint(21,size=4))
A1 = A. row_join(b) # 在 A 右侧增加一列,A1 为线性方程组的增广矩阵
# sy. Matrix. rref(A1)[0]
A1. rref( )[0]
# 返回值为一个元组,元组的第一项为行最简形,元组的第二项为线性无关列的标号
```

[214]:
$$\begin{bmatrix} 1 & 0 & 0 & 0 & -\dfrac{289}{31} \\[2mm] 0 & 1 & 0 & 0 & \dfrac{159}{31} \\[2mm] 0 & 0 & 1 & 0 & \dfrac{198}{31} \\[2mm] 0 & 0 & 0 & 1 & \dfrac{55}{31} \end{bmatrix}$$

**例 4.3.4** linalg 模块 solve( )求解线性方程组

$$\begin{cases} x_1 + 3x_2 + x_3 + 2x_4 = b(1) \\ 3x_1 + 4x_2 + 2x_3 - 3x_4 = b(2) \\ -x_1 - 5x_2 + 4x_3 + x_4 = b(3) \\ 2x_1 + 7x_2 + x_3 - 6x_4 = b(4) \end{cases}$$

其中 $b(1),b(2),b(3),b(4)$ 为取值于 0 ~ 20 之间的随机整数。

[215]:
```
import numpy as np
from scipy import linalg
from numpy import random as rd
a1 = np. array([1,3,-1,2])
a2 = np. array([3,4,-5,7])
a3 = np. array([1,2,4,1])
a4 = np. array([2,-3,1,-6])
rd. seed(50)
b = rd. randint(21,size=4)
A = np. stack((a1,a2,a3,a4),axis=1)
x = linalg. solve(A,b)# 系数矩阵为方阵时适用此函数
x
```

[215]: array([-9.32258065, 5.12903226, 6.38709677, 1.77419355])

### 例4.3.5 求欠定线性方程组

$$\begin{cases} 6x_1 + 2x_2 + 3x_3 + 4x_4 + 5x_5 = 80 \\ 2x_1 - 3x_2 + 7x_3 + 10x_4 + 13x_5 = 59 \\ 3x_1 + 5x_2 + 11x_3 - 16x_4 + 21x_5 = 90 \\ 2x_1 - 7x_2 + 7x_3 + 7x_4 + 2x_5 = 22 \end{cases}$$

```
[216]: import numpy as np
from scipy import linalg
A = np.array([[6,2,3,4,5],[2,-3,7,10,13],[3,5,11,-16,21],[2,-7,7,7,2]])
b = np.array([80,59,90,22])
x = linalg.lstsq(A,b) # 最小二乘法求解线性方程组
print('线性方程组的解为:{}'.format(x[0]))
```

线性方程组的解为:

[8.61311735 3.57598877 2.58634763 1.17354502 1.74321908]

```
[217]: # 本题还可用伪逆法求解
y = linalg.pinv(A)@b   # 伪逆法求方程组的解,相当于 Matlab 左除
print('线性方程组的解为:',y)
```

线性方程组的解为:

[8.61311735 3.57598877 2.58634763 1.17354502 1.74321908]

### 例4.3.6 求超定线性方程组

$$\begin{cases} x + 2y + 3z = 366 \\ 4x + 5y + 6z = 804 \\ 7x + 8y = 351 \\ 2x + 5y + 8z = 514 \end{cases}$$

```
[218]: import numpy as np
from scipy import linalg
A = np.array([[1,2,3],[4,5,6],[7,8,0],[2,5,8]])
b = np.array([366,804,351,514])
x = linalg.lstsq(A,b)
print(x[0])
```

$\begin{bmatrix} 247.98181818 & -173.10909091 & 114.92727273 \end{bmatrix}$

[219]: y = linalg. pinv(A)@ b   # 伪逆法求方程组的解,相当于 Matlab 左除
print(y)

$\begin{bmatrix} 247.98181818 & -173.10909091 & 114.92727273 \end{bmatrix}$

## 4.3.2　实验习题

1. 求线性方程组

$$\begin{cases} x_1 - x_2 - 3x_3 + x_4 = 1 \\ x_1 - x_2 + 2x_3 - x_4 = 3 \\ 4x_1 - 4x_2 + 3x_3 - 2x_4 = 6 \\ 2x_1 - 2x_2 - 11x_3 + 4x_4 = 0 \end{cases}$$

的解。

2. 设 $A = \begin{bmatrix} 1 & 2 & 3 \\ 2 & 2 & 1 \\ 3 & 4 & 3 \end{bmatrix}$, $B = \text{round}(\text{rand}(2,2) * 10)$, $C = \begin{bmatrix} 1 & 3 \\ 2 & 0 \\ 3 & 1 \end{bmatrix}$, 求矩阵 $X$ 满足

$AXB = C$。

3. 求超定线性方程组

$$\begin{cases} x_1 + x_2 = b(1) \\ x_1 - x_2 = b(2) \\ -x_1 + 2x_2 = b(3) \end{cases}$$

的最小二乘解。其中 $b(1)$, $b(2)$, $b(3)$ 为列向量 $b$ 的三个元素,且其取值为 $0 \sim 10$ 之间的随机整数。

# 第5章　向量组的线性相关性和方程组的求解及其应用

## 5.1　向量组的线性相关性

### 【实验目的】

掌握利用 Python 分析向量组线性相关性的方法,进一步理解向量组线性相关、线性无关的意义。

### 5.1.1　实验内容

**例 5.1.1**　判断下列向量组的线性相关性。

$$(1)\begin{cases} a_1 = (1,2,3,-4)^{\mathrm{T}} \\ a_2 = (0,1,-1,-1)^{\mathrm{T}} \\ a_3 = (1,3,0,1)^{\mathrm{T}} \\ a_4 = (0,-7,3,1)^{\mathrm{T}} \end{cases}; \quad (2)\begin{cases} c_1 = (1,2,3,-1)^{\mathrm{T}} \\ c_2 = (3,2,1,-1)^{\mathrm{T}} \\ c_3 = (2,3,1,1)^{\mathrm{T}} \\ c_4 = (2,2,2,-1)^{\mathrm{T}} \\ c_5 = (5,5,2,0)^{\mathrm{T}} \end{cases}。$$

```
[220]: import numpy as np
       from scipy import linalg
       # 向量组(1)
       a1 = np.array([1,2,3,-4]).reshape((-1,1))
       a2 = np.array([0,1,-1,-1]).reshape((-1,1))
       a3 = np.array([1,3,0,1]).reshape((-1,1))
       a4 = np.array([0,-7,3,1]).reshape((-1,1))
       A = np.concatenate((a1,a2,a3,a4),axis=1)
       A
```

[220]: array([[ 1, 0, 1, 0],
        [ 2, 1, 3, -7],
        [ 3, -1, 0, 3]
        [-4, -1, 1, 1]])

[221]:
```
# 第一种方法:由向量组形成的矩阵(二维数组)的秩可知向量组线性无关
np. linalg. matrix_rank(A)
```

[221]:4

[222]:
```
# 第二种方法:由 n 个 n 维向量形成的向量组的线性相关性的判断条件:矩阵的行列式非零,
# 则向量组线性无关
linalg. det(A)
```

[222]:36. 0

[223]:
```
# 第三种方法:利用 SymPy 包创建矩阵,利用矩阵对象的 rref 方法求得矩阵行最简形
import sympy as sy
A = sy. Matrix(A)
A. rref()
# 对矩阵 A 行初等变换,得到行最简形,同时返回线性无关列的标号,可知列向量组线性无关
```

[223]: (Matrix([
        [1, 0, 0, 0],
        [0, 1, 0, 0],
        [0, 0, 1, 0],
        [0, 0, 0, 1]]),
        (0, 1, 2, 3))

[224]:
```
# 向量组(2)
c1 = np. array([[1,2,3, -1]]). T
c2 = np. array([[3,2,1, -1]]). T
c3 = np. array([[2,3,1,1]]). T
c4 = np. array([[2,2,2, -1]]). T
c5 = np. array([[5,5,2,0]]). T
C = np. hstack((c1,c2,c3,c4,c5))
C
```

[224]: array([[  1,   3,   2,   2,   5],
               [  2,   2,   3,   2,   5],
               [  3,   1,   1,   2,   2],
               [ -1,  -1,   1,  -1,   0]])

[225]: # 由向量组形成的矩阵秩判断向量组的线性相关性
       np. linalg. matrix_rank(C)

[225]: 3

[226]: # 利用 SymPy 处理
       import sympy as sy
       C = sy. Matrix(C)
       C. rref()

[226]: (Matrix([

       [1, 0, 0,  1/2, 0],
       [0, 1, 0,  1/2, 1],
       [0, 0, 1,   0,  1],
       [0, 0, 0,   0,  0]]),
       (0, 1, 2))

　　返回值为一个元组,元组的第一个元素为矩阵的行最简形,元组的第二个元素为线性无关列的标号形成的一个元组。由运行结果可知,向量组的秩为3,向量组的一个极大无关组为 c1,c2,c3。

　　**例5.1.2**　求向量组的一个极大无关组,并将其他向量用该极大无关组线性表示。

$$\begin{cases} \boldsymbol{a}_1 = (2,1,6,5,6)^{\mathrm{T}} \\ \boldsymbol{a}_2 = (6,3,18,15,18)^{\mathrm{T}} \\ \boldsymbol{a}_3 = (0,3,-2,13,0)^{\mathrm{T}} \end{cases}$$

[227]: import sympy as sy
       a1 = [2,1,6,5,6]
       a2 = [6,3,18,15,18]
       a3 = [0,3,-2,13,0]
       A = sy. Matrix([a1,a2,a3]). T
       A. rref() # 利用矩阵类方法 rref() 得到初等变换后的行最简形

[227]: (Matrix([

[1, 3, 0],

[0, 0, 1],

[0, 0, 0],

[0, 0, 0],

[0, 0, 0]]),

(0,2))

由运行结果可知,线性无关的列标号为$(0,2)$,由矩阵最简形形成的新向量组与原向量组具有相同的线性结构可知,向量 $a_1$,$a_3$ 线性无关,$a_1$,$a_3$ 是向量组的一个极大无关组,且有 $a_2 = 3a_1 + 0a_3$。

**例 5.1.3**　（减肥配方问题）目前市场流行一种名为"细胞营养粉"的减肥产品,售价为 299 元/500 克,厂家称该营养粉符合英国剑桥大学医学院给出的减肥所要求的每日营养量。各种营养成分对比如表 5-1 所示。

表 5-1　营养成分对比

| 营养 | 减肥要求每日营养量/g | 每 100 g 食物所含营养成分/g | | | |
| --- | --- | --- | --- | --- | --- |
| | | 细胞营养粉 | 脱脂牛奶 | 大豆粉 | 乳清 |
| 蛋白质 | 33 | 40 | 36 | 51 | 13 |
| 碳水化合物 | 45 | 52 | 52 | 34 | 74 |
| 脂肪 | 3 | 3.2 | 0 | 7 | 1.1 |

考虑能否用脱脂牛奶、大豆粉、乳清三种食物混合代替细胞营养粉,若能代替,这三种食物各占的比例为多少?

**解**:脱脂牛奶、大豆粉、乳清、细胞营养粉分别用三维向量 $u_1$,$u_2$,$u_3$,$u_4$ 表示,分析由这四个向量形成向量组的线性相关性,若是线性无关的,则无法替代,若是线性相关的,则可继续分析,若 $u_1$,$u_2$,$u_3$ 是向量组的极大无关组,则可得到能替代的结论。

[228]:
```
import sympy as sy
u1 = [36,52,0]
u2 = [51,34,7]
u3 = [13,74,1.1]
```

```
u4 = [40,52,3.2]
A = y.Matrix([u1,u2,u3,u4]).T
r = A.rank()
U0,i = A.rref()
print('矩阵 A 的秩为：',r)
print('矩阵 A 的行最简形矩阵线性无关列的标号为：',i)
print('矩阵 A 的行最简形为：')
U0
```

矩阵 A 的秩为：3

矩阵 A 的行最简形矩阵线性无关列的标号为：(0，1，2)

矩阵 A 的行最简形为：

$$[228]: \begin{bmatrix} 1 & 0 & 0 & 0.435648423173283 \\ 0 & 1 & 0 & 0.425549500219542 \\ 0 & 0 & 1 & 0.201048634966552 \end{bmatrix}$$

由向量组形成矩阵 $A$ 的行最简形可知，向量 $u_1,u_2,u_3$ 线性无关，向量 $u_1,u_2,u_3,u_4$ 线性相关，$u_4$ 可由向量组 $u_1,u_2,u_3$ 线性表示，并且表示方法唯一，$u_4 = 0.4356u_1 + 0.4255u_2 + 0.2010u_3$。

**例 5.1.4** （混凝土配方问题）一个混凝土生产企业可以生产出三种不同型号的混凝土，它们的具体配方比例如表 5 - 2 所示。

表 5 - 2 混凝土配方

| 材料 | 型号 1 混凝土 | 型号 2 混凝土 | 型号 3 混凝土 |
|---|---|---|---|
| 水 | 10 | 10 | 10 |
| 水泥 | 22 | 26 | 18 |
| 沙子 | 32 | 31 | 29 |
| 石子 | 53 | 64 | 50 |
| 粉煤灰 | 0 | 5 | 8 |

（1）分析这三种混凝土是否可以用其中的两种来配出第三种？

（2）现在有甲、乙两个用户要求混凝土中含水、水泥、沙子、石子、粉煤灰的比例分别为：24,52,73,133,12 和 36,75,100,185,20。能否用这三种混凝土配出满足甲、乙用户要求的混凝土?

**解:**(1)把每种型号的混凝土看成一个五维列向量,研究这三种混凝土是否可以由其中的两种配出,也就是分析这三个向量的线性相关性。若线性相关,则可以用其中的两种来配出第三种,否则,不能配出。

[229]:
```
import numpy as np
import sympy as sy
u1 = np. array([10,22,32,53,0])
u2 = np. array([10,26,31,64,5])
u3 = np. array([10,18,29,50,8])
A = sy. Matrix([u1,u2,u3]). T
U0,i = A. rref()
print('矩阵 A 的行最简形矩阵线性无关列的标号为:',i)
print('矩阵 A 的行最简形矩阵为:')
U0
```

矩阵 A 的行最简形矩阵线性无关列的标号为:(0, 1, 2)

矩阵 A 的行最简形矩阵为:

$$[229]:\begin{bmatrix} 1 & 0 & 0 \\ 0 & 1 & 0 \\ 0 & 0 & 1 \\ 0 & 0 & 0 \\ 0 & 0 & 0 \end{bmatrix}$$

由运行结果可知,矩阵 $A$ 的行最简形线性无关的列标号为(0,1,2),由矩阵最简形形成的新向量组与原向量组具有相同的线性结构可知,向量 $u_1,u_2,u_3$ 线性无关,所以不能由其中的两种型号配出第三种型号。

(2)设甲、乙两用户提出的混凝土成分比例分别用向量 $v_1 = (24,52,73,133, 12)^T, v_2 = (36,75,100,185,20)^T$ 表示。

[230]:
```
import sympy as sy
u1 = [10,22,32,53,0]
u2 = [10,26,31,64,5]
u3 = [10,18,29,50,8]
v1 = [24,52,73,133,12]
```

```
v2 = [36,75,100,185,20]
A = sy. Matrix([u1,u2,u3,v1,v2]). T
U0,i = A. rref()
print('矩阵 A 的行最简形矩阵线性无关列的标号为：',i)
print('矩阵 A 的行最简形矩阵为：')
U0
```

矩阵 A 的行最简形矩阵线性无关列的标号为：(0, 1, 2, 4)

矩阵 A 的行最简形矩阵为：

$$[230]: \begin{bmatrix} 1 & 0 & 0 & \dfrac{3}{5} & 0 \\ 0 & 1 & 0 & \dfrac{4}{5} & 0 \\ 0 & 0 & 1 & 1 & 0 \\ 0 & 0 & 0 & 0 & 1 \\ 0 & 0 & 0 & 0 & 0 \end{bmatrix}$$

　　由运行结果可知，矩阵 $A$ 的行最简形线性无关的列标号为$(0,1,2,4)$，由矩阵最简形形成的新向量组与原向量组具有相同的线性结构，可知向量 $u_1,u_2,u_3,v_2$ 线性无关，为向量组的一个极大无关组，所以甲用户要求的混凝土可以可由这三种型号混凝土配制，而乙用户要求的混凝土不能由这三种型号混凝土配制。甲用户的配制的线性关系为：$v_1 = \dfrac{3}{5}u_1 + \dfrac{4}{5}u_2 + u_3$。

## 5.1.2　实验习题

1. 判断下列向量组的线性相关性。

$$(1) \begin{cases} \boldsymbol{b}_1 = (1,3,5,-4,0)^\mathrm{T} \\ \boldsymbol{b}_2 = (1,3,2,-2,1)^\mathrm{T} \\ \boldsymbol{b}_3 = (1,-2,1,-1,-1)^\mathrm{T} \\ \boldsymbol{b}_4 = (1,-4,1,1,-1)^\mathrm{T} \end{cases} ; \quad (2) \begin{cases} \boldsymbol{d}_1 = (1,-1,0,0,0)^\mathrm{T} \\ \boldsymbol{d}_2 = (0,1,-1,0,0)^\mathrm{T} \\ \boldsymbol{d}_3 = (0,0,1,-1,0)^\mathrm{T} \\ \boldsymbol{d}_4 = (-1,0,0,0,1)^\mathrm{T} \end{cases} 。$$

2. 求下列向量组的秩以及极大无关组。

$$(1)\begin{cases} \boldsymbol{b}_1 = (1,1,0)^{\mathrm{T}} \\ \boldsymbol{b}_2 = (0,2,0)^{\mathrm{T}} \\ \boldsymbol{b}_3 = (0,0,3)^{\mathrm{T}} \end{cases};\qquad (2)\begin{cases} \boldsymbol{c}_1 = (1,2,1,3)^{\mathrm{T}} \\ \boldsymbol{c}_2 = (4,-1,-5,-6)^{\mathrm{T}} \\ \boldsymbol{c}_3 = (-1,3,4,7)^{\mathrm{T}} \end{cases}。$$

3. 求下列向量组的一个极大无关组,并用此极大无关组表示其余向量。

$$(1)\begin{cases} \boldsymbol{b}_1 = (1,2,3,-4,1)^{\mathrm{T}} \\ \boldsymbol{b}_2 = (2,3,-4,1,2)^{\mathrm{T}} \\ \boldsymbol{b}_3 = (2,-5,8,-3,3)^{\mathrm{T}} \\ \boldsymbol{b}_4 = (5,26,-9,-12,4)^{\mathrm{T}} \\ \boldsymbol{b}_5 = (3,-4,1,2,5)^{\mathrm{T}} \end{cases};\qquad (2)\begin{cases} \boldsymbol{c}_1 = (5,2,-3,1)^{\mathrm{T}} \\ \boldsymbol{c}_2 = (4,1,-2,3)^{\mathrm{T}} \\ \boldsymbol{c}_3 = (1,1,-1,-2)^{\mathrm{T}} \\ \boldsymbol{c}_4 = (3,4,-1,2)^{\mathrm{T}} \end{cases}。$$

4. (药品配制问题)某中药厂用 9 种中草药 $(A,B,\cdots,I)$,根据不同的比例制成了 7 种特效药。表 5-3 给出了每种特效药每包所需各种成分的质量(单位:克)。

表 5-3　药品成分

| 中草药 | 1 号成药 | 2 号成药 | 3 号成药 | 4 号成药 | 5 号成药 | 6 号成药 | 7 号成药 |
|---|---|---|---|---|---|---|---|
| $A$ | 10 | 2 | 14 | 12 | 20 | 38 | 100 |
| $B$ | 12 | 0 | 12 | 25 | 35 | 60 | 55 |
| $C$ | 5 | 3 | 11 | 0 | 5 | 14 | 0 |
| $D$ | 7 | 9 | 25 | 5 | 15 | 47 | 35 |
| $E$ | 0 | 1 | 2 | 25 | 5 | 33 | 6 |
| $F$ | 25 | 5 | 35 | 5 | 35 | 55 | 50 |
| $G$ | 9 | 4 | 17 | 25 | 2 | 39 | 25 |
| $H$ | 6 | 5 | 16 | 10 | 10 | 35 | 10 |
| $I$ | 8 | 2 | 12 | 0 | 0 | 6 | 20 |

(1)某医院要购买这 7 种特效药,但药厂的第 3 号和第 6 号特效药已经卖完,请问能否用其他特效药配制出这两种脱销的药品?

(2)现在该医院想用这 9 种草药配制出三种新的特效药,表 5-4 给出了新药所需的成分质量(单位:克)。请问该如何配置?

表 5-4　新药成分

| 中草药 | 1 号成药 | 2 号成药 | 3 号成药 |
|---|---|---|---|
| $A$ | 40 | 162 | 88 |
| $B$ | 62 | 141 | 67 |
| $C$ | 14 | 27 | 8 |
| $D$ | 44 | 102 | 51 |
| $E$ | 53 | 60 | 7 |
| $F$ | 50 | 155 | 80 |
| $G$ | 71 | 118 | 38 |
| $H$ | 41 | 68 | 21 |
| $I$ | 14 | 52 | 30 |

# 5.2　线性方程组解的结构

## 【实验目的】

(1)掌握求解线性方程组基础解系的方法；

(2)进一步理解线性方程组通解的求解方法。

### 5.2.1　实验内容

**例 5.2.1**　求齐次线性方程组

$$\begin{cases} x_1 + x_2 + x_3 + x_4 + x_5 = 0 \\ 3x_1 + 2x_2 + x_3 + x_4 - 3x_5 = 0 \\ x_2 + 2x_3 + 2x_4 + 6x_5 = 0 \\ 5x_1 + 4x_2 + 3x_3 + 3x_4 - x_5 = 0 \end{cases}$$

的通解。

```
#第一种方法:使用 SciPy 中的 linalg 模块求解
import numpy as np
from scipy import linalg
a1 = [1,3,0,5]
a2 = [1,2,1,4]
a3 = [1,1,2,3]
```
[231]:

```
a4 = [1,1,2,3]
a5 = [1, -3,6, -1]
A = np. stack((a1,a2,a3,a4,a5),axis = 1)
null_A = linalg. null_space(A)
# 求解矩阵 A 的核空间的基,即齐次线性方程组的基础解系。
np. set_printoptions(suppress = True) # 设置输出浮点数不使用科学计数法。
t = print('线性方程组的基础解系为:')
for i in range(null_A. shape[1]):
    print('p{} = {}\n'. format(i + 1,null_A[:,i]))
null_A
```

线性方程组的基础解系为:

p1 = [ -0.71488635   0.64385859   0.13375314   0.13375314   -0.19647853 ]

p2 = [ 0.2371607   0.56233028   -0.52932695   -0.52932695   0.25916292 ]

p3 = [ 0.         0.         -0.70710678   0.70710678   0.         ]

[231]: array([[ -0.71488635,   0.2371607 ,   0             ],
              [ 0.64385859,   0.56233028,   0.             ],
              [ 0.13375314,   -0.52932695,   -0.70710678   ],
              [ 0.13375314,   -0.52932695,   0.70710678    ],
              [ -0.19647853,   0.25916292,   0             ]])

[232]:
```
# 第二种方法 使用 SymPy 包
import sympy as sy
A = sy. Matrix([[1,1,1,1,1],[3,2,1,1, -3],
                [0,1,2,2,6], [5,4,3,3, -1]]) # 输入系数矩阵 A
B = A. nullspace()# 计算矩阵 A 的核空间,得到线性方程组的基础解系
var = sy. symbols('k1:{}'. format(len(B) + 1))# 定义符号变量
print('基础解系为:\n')
for i in range(len(B)):
    print('p{} = {}'. format(i + 1,B[i]))
print('\n')
print('线性方程组的通解为:\n')
t = sy. zeros(A. cols,1)
for k,x in zip(var,B):
    t + = k * x
for j in range(A. cols):
    print('x{} = {}'. format(j + 1,t[j]))
```

基础解系为：

p1 = Matrix([[1], [-2], [1], [0], [0]])

p2 = Matrix([[1], [-2], [0], [1], [0]])

p3 = Matrix([[5], [-6], [0], [0], [1]])

线性方程组的通解为：

x1 = k1 + k2 + 5 * k3

x2 = -2 * k1 - 2 * k2 - 6 * k3

x3 = k1

x4 = k2

x5 = k3

### 例 5.2.2 求非齐次线性方程组

$$\begin{cases} 2x_1 + 4x_2 - x_3 + 4x_4 + 16x_5 = -2 \\ -3x_1 - 6x_2 + 2x_3 - 6x_4 - 23x_5 = 7 \\ 3x_1 + 6x_2 - 4x_3 + 6x_4 + 19x_5 = -23 \\ x_1 + 2x_2 + 5x_3 + 2x_4 + 19x_5 = 43 \end{cases}$$

的通解。

```
[233]: import numpy as np
from scipy import linalg
A = np.array([[2,4,-1,4,16],[-3, -6, 2, -6, -23],[3, 6, -4, 6, 19],[1, 2, 5, 2, 19]])
b = np.array([-2, 7, -23, 43])
x = linalg.pinv(A)@b # 利用伪逆求解方程组的一个特解
B = linalg.null_space(A) # 求解齐次线性方程组的基础解系
print('线性方程组的通解为:\n k1 *{}\n + k2 *{}\n + k3 *{}\n + {}'
    .format(B[:,0],B[:,1],B[:,2],x))
```

线性方程组的通解为：

k1 * [ 0.97926392   -0.11482128   0.1361077   -0.06856834   -0.06805385]

+ k2 * [-0.03395436   -0.88574305   -0.41333905   -0.02729263   0.20666952]

+ k3 * [ 0.01437846   0.20867477   -0.31038655   -0.91423374   0.15519327]

+ [-1.02380952   -2.04761905   5.28571429   -2.04761905   1.35714286]

[234]:
```
# sympy 求解此线性方程组的通解
import sympy as sy
A = sy.Matrix([[2,4,-1,4,16],[-3,-6,2,-6,-23],[3,6,-4,6,19],[1,2,5,2,19]])
b = sy.Matrix([[-2],[7],[-23],[43]])
A1 = A.col_insert(5,b)
A1.rref()
```

[234]:(Matrix([

[1, 2, 0, 2, 9, 3],

[0, 0, 1, 0, 2, 8],

[0, 0, 0, 0, 0, 0],

[0, 0, 0, 0, 0, 0]]),

(0,2))

由第一行和第二行还原成方程组

$$\begin{cases} x_1 + 2x_2 + 2x_4 + 9x_5 = 3 \\ x_3 + 2x_5 = 8 \end{cases}$$

选择 $x_2, x_4, x_5$ 为自由未知量,可得

$$\begin{cases} x_1 = -2k_1 - 2k_2 - 9k_3 + 3 \\ x_2 = k_1 \\ x_3 = -2k_3 + 8 \\ x_4 = k_2 \\ x_5 = k_3 \end{cases}$$

[235]:
```
# 定义一个求解此方程组的函数,基于初等变换法
def mysolve(A,b):
    """A,b 为嵌套列表或者二维数组或者为符号矩阵"""
    import sympy
    A = sympy.Matrix(A)
    b = sympy.Matrix(b)
    A1,coln = A.row_join(b).rref()
    if A.rank() != A1.rank():
        print('方程组无解!')
```

```
    else：
        B = A.nullspace()
        b1 = A1.col(-1)
        b0 = sympy.Matrix.zeros(A.shape[1],1)
        for i in range(len(coln))：
            b0[coln[i]] = b1[i]
        k = sympy.symbols('k1:{}'.format(len(B)+1))
        L = sympy.zeros(A.shape[1],1)
        for i in range(len(B))：
            L += k[i] * B[i]
        X = L+b0
        print('方程组的通解为：')
        for i in range(A.shape[1])：
            print('x{} = {}\n'.format(i+1,X[i]))
```

[236]： A = [[2,4,-1,4,16],[-3,-6,2,-6,-23],[3,6,-4,6,19],[1,2,5,2,19]]
b = [[-2],[7],[-23],[43]]
mysolve(A,b)

方程组的通解为：

x1 = -2 * k1 - 2 * k2 - 9 * k3 + 3

x2 = k1

x3 = 8 - 2 * k3

x4 = k2

x5 = k3

## 5.2.2　实验习题

1. 设 $A = \begin{bmatrix} 1 & 2 & 2 & 0 \\ 1 & 3 & 4 & -2 \\ 1 & 1 & 0 & 2 \end{bmatrix}$，用基础解系表示齐次线性方程组 $AX = 0$。

2. 判别方程组

$$\begin{cases} x + 2y - z = 0 \\ 2x + 5y + 2z = 0 \\ x + 4y + 7z = 0 \\ x + 3y + 3z = 0 \end{cases}$$

有无非零解,若有请写出通解。

3. 求非齐次线性方程组

$$\begin{cases} x_1 - 5x_2 + 2x_3 - 3x_4 = 11 \\ 5x_1 + 3x_2 + 6x_3 - x_4 = -1 \\ 2x_1 + 4x_2 + 2x_3 + x_4 = -6 \end{cases}$$

的通解。

# 5.3　线性代数方程组的应用

## 【实验目的】

(1)掌握利用 Python 扩展包求解线性代数方程组的方法;

(2)培养针对实际问题的数学建模能力,并进一步熟练掌握利用 Python 进行科学计算的方法。

### 5.3.1　实验内容

**例 5.3.1**　一家开办了 3 个炼油厂的公司,每个炼油厂生产 3 种石油产品:燃料油、柴油和汽油。设从 1 桶(1 桶为 31.5 加仑)原油中,第一个炼油厂生产 16 加仑燃料油、8 加仑柴油及 4 加仑汽油;第二个炼油厂生产 8 加仑燃料油、20 加仑柴油和 10 加仑汽油;第三个炼油厂生产 8 加仑燃料油、8 加仑柴油和 20 加仑汽油。

(1)现在需要 9 600 加仑燃料油,12 800 加仑柴油及 16 000 加仑汽油,则每个炼油厂所用石油的桶数是多少?

(2)假设上述的炼油厂模型中汽油的生产无关紧要(储油罐里有充分的储存量),我们只关心燃料油与柴油的需求,则每个炼油厂所用的石油桶数各是多少?

(3)假定炼油厂模型中第二个炼油厂停产,而我们必须设法由仅有的两个炼油厂满足需求,则这两个炼油厂所用的石油桶数各是多少?

**解:**每个炼油厂生产这三种产品的数量各不相同,用表 5-5 来描述。

表5-5　各炼油厂三种产品的生产数量

| 产品 | 第一炼油厂 | 第二炼油厂 | 第三炼油厂 |
|---|---|---|---|
| 燃料油/加仑 | 16 | 8 | 8 |
| 柴油/加仑 | 8 | 20 | 8 |
| 汽油/加仑 | 4 | 10 | 20 |

设 $x_i$ 表示第 $i$ 个炼油厂所用石油的桶数。

**解**:(1) $x_i$ 满足方程组

$$\begin{cases}16x_1+8x_2+8x_3=9\,600\\8x_1+20x_2+8x_3=12\,800\\4x_1+10x_2+20x_3=16\,000\end{cases}$$

令 $A=\begin{bmatrix}16&8&8\\8&20&8\\8&4&10\end{bmatrix}$, $x=\begin{bmatrix}x_1\\x_2\\x_3\end{bmatrix}$, $b=\begin{bmatrix}9\,600\\12\,800\\16\,000\end{bmatrix}$,则解方程组 $Ax=b$ 可得每个炼

油厂所用石油的桶数。

[237]:
```
# NumPy 求解
import numpy as np
from scipy import linalg
A = np.array([[16,8,8],[8,20,8],[4,10,20]])
b = np.array([9600,12800,16000])
x = linalg.inv(A)@b
print('线性方程组的解为:',x)
```

线性方程组的解为:[125. 350. 600.]

[238]:
```
# SymPy 求解
import sympy as sy
A = sy.Matrix([[16,8,8],[8,20,8],[4,10,20]])
b = sy.Matrix([9600,12800,16000])
print('线性方程组的解为:')
A.solve(b)
```

线性方程组的解为：

$$[238]: \begin{bmatrix} 125 \\ 350 \\ 600 \end{bmatrix}$$

（2）由于不需要考虑汽油的生产量，因此方程组变为

$$\begin{cases} 16x_1 + 8x_2 + 8x_3 = 9\ 600 \\ 8x_1 + 20x_2 + 8x_3 = 12\ 800 \end{cases}$$

令 $\boldsymbol{B} = \begin{bmatrix} 16 & 8 & 8 \\ 8 & 20 & 8 \end{bmatrix}$，$\boldsymbol{x} = \begin{bmatrix} x_1 \\ x_2 \\ x_3 \end{bmatrix}$，$\boldsymbol{d} = \begin{bmatrix} 9\ 600 \\ 12\ 800 \end{bmatrix}$，因此经初等变换可将 $\boldsymbol{B}$ 化为行

最简形 $\boldsymbol{B}_0$，由此可得此时所用石油的桶数。

```
[239]: # 第一种方法 SymPy
import sympy as sy
A = sy. Matrix([[16.0,8,8], [8,20,8]])
b = sy. Matrix([[9600], [12800]])
A1 = A. row_join(b)   #A1 为方程组的增广矩阵
A1. rref()[0]. evalf(6) # 对增广矩阵做初等变换得到行最简形，并保留 6 位有效数字
```

$$[239]: \begin{bmatrix} 1.0 & 0 & 0.375 & 350.0 \\ 0 & 1.0 & 0.25 & 500.0 \end{bmatrix}$$

由增广矩阵的行最简形可知，每个炼油厂所用的石油桶数 $x_1 \geqslant 0, x_2 \geqslant 0, x_3 \geqslant 0$
满足

$$\begin{cases} x_1 + 0.375x_3 = 350 \\ x_2 + 0.25x_3 = 500 \end{cases}$$

```
[240]: # 第二种方法 NumPy + SciPy
import numpy as np
from scipy import linalg
A = np. array([[16,8,8], [8,20,8]])
b = np. array([[9600], [12800]])
# 求一个 x3 = 0 时的特解
```

```
A1 = np.array([[16,8,0],[8,20,0]])
x0 = linalg.pinv(A1)@b
x = linalg.null_space(A)
x = x/x[2]  # 基础解系的向量同除第三个分量
print('方程组的特解为:\nx0 = {}'.format(x0))
print('齐次线性方程组的基础解系为:\np = {}'.format(x))
print('非齐次线性方程组的通解为:\nk * {}\n + {}'.format(x,x0))
```

方程组的特解为:

x0 = [[350. ]

[500. ]

[  0. ]]

齐次线性方程组的基础解系为:

p = [[-0.375]

[-0.25 ]

[ 1.   ]]

非齐次线性方程组的通解为:

k * [[-0.375]

[-0.25 ]

[ 1.   ]]

+ [[350. ]

[500. ]

[  0. ]]

可知每个炼油厂所用的石油桶数 $x_1 \geqslant 0, x_2 \geqslant 0, x_3 \geqslant 0$ 满足

$$\begin{cases} x_1 = -0.375k + 350 \\ x_2 = -0.25k + 500 \\ x_3 = k \end{cases}, \quad k \in R$$

（3）由于第二炼油厂停产,因此方程组变为

$$\begin{cases} 16x_1 + 8x_3 = 9\ 600 \\ 8x_1 + 8x_3 = 12\ 800 \\ 4x_1 + 20x_3 = 16\ 000 \end{cases}$$

利用最小二乘法可解此方程组。

```
[241]: # numpy + scipy 求解
       import numpy as np
       from scipy import linalg
       A = np.array([[16,8],[8,8],[4,20]])
       b = np.array([9600,12800,16000])
       x = linalg.lstsq(A,b)[0]
       print('方程组的最小二乘解为:x1 = ||,x3 = ||'.format(x[0],x[1])) x = np.ceil(x)
       print('此时第一和第三炼油厂需要的石油至少为||和||桶。'.format(x[0],x[1]))
```

方程组的最小二乘解为:x1 = 320.7920792079212,x3 = 780.1980198019803

此时第一和第三炼油厂需要的石油至少为321.0桶和781.0桶。

```
[242]: # SymPy 求解
       import sympy as sy
       A = sy.Matrix([[16,8],[8,8],[4,20]])
       b = sy.Matrix([9600,12800,16000])
       x = A.solve_least_squares(b,method = 'PINV').evalf(3)# 取 3 位有效数字
       x
```

$$[242]:\begin{bmatrix} 321.0 \\ 780.0 \end{bmatrix}$$

**例 5.3.2**　假设图 5-1 区域是一平面薄板,内部有热源,工程上需要对该薄板进行温度监测。监测点(图中已经标出)的横坐标是 $-2,-1,0,1,2$;纵坐标是 $1,2,3$,写出来就是:

$$A = \begin{bmatrix} (-2,1) & (-1,1) & (0,1) & (1,1) & (2,1) \\ (-2,2) & (-1,2) & (0,2) & (1,2) & (2,2) \\ (-2,3) & (-1,3) & (0,3) & (1,3) & (2,3) \end{bmatrix}$$

$A$ 储存的是网格(mesh)点的坐标,根据网格点的坐标做出两个同型矩阵 $X,Y$,使得 $X$ 储存网格点的横坐标(按 $A$ 储存网格点的顺序),$Y$ 矩阵储存网格点的纵坐标。

**解:** $X$ 相当于

$$X = \begin{bmatrix} -2 & -1 & 0 & 1 & 2 \\ -2 & -1 & 0 & 1 & 2 \\ -2 & -1 & 0 & 1 & 2 \end{bmatrix} = \begin{bmatrix} 1 \\ 1 \\ 1 \end{bmatrix}\begin{bmatrix} -2 & -1 & 0 & 1 & 2 \end{bmatrix}$$

$Y$ 相当于

$$X = \begin{bmatrix} 1 & 1 & 1 & 1 & 1 \\ 2 & 2 & 2 & 2 & 2 \\ 3 & 3 & 3 & 3 & 3 \end{bmatrix} = \begin{bmatrix} 1 \\ 2 \\ 3 \end{bmatrix} \begin{bmatrix} 1 & 1 & 1 & 1 & 1 \end{bmatrix}$$

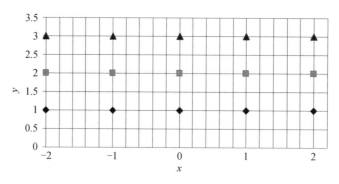

图 5 - 1

```
[243]:  # 利用矩阵乘法求得 X,Y
        import numpy as np
        x = np.
        arange( -2,3)
        print('x =',x)
        ones = np. ones(3)
        X = np. outer(ones,x)
        y = np. arange(1,4)
        print('y = \n',y)
        ones = np. ones(5)
        Y = np. outer(y,ones)
        print('X = \n',X)
        print('Y = \n',Y)
        print(' * ' *40)
        #################################
        X,Y = np. meshgrid(x,y)
        print('X = \n',X)
        print('Y = \n',Y)
```

x = [-2  -1  0  1  2]

y =

[1 2 3]

X =

[[-2.  -1.  0.  1.  2.]

[-2.  -1.  0.  1.  2.]

[-2.  -1.  0.  1.  2.]]

Y =

[[1. 1. 1. 1. 1.]

[2. 2. 2. 2. 2.]

[3. 3. 3. 3. 3.]]

\*\*\*\*\*\*\*\*\*\*\*\*\*\*\*\*\*\*\*\*\*\*\*\*\*\*\*\*\*\*\*\*\*\*\*\*\*\*\*\*\*\*

X =

[[-2  -1  0  1  2]

[-2  -1  0  1  2]

[-2  -1  0  1  2]]

Y =

[[1  1  1  1  1]

[2  2  2  2  2]

[3  3  3  3  3]]

**例 5.3.3** 已知数据表如表 5-6 所示。

表 5-6　数据表

| $x$ | 1.127 5 | 1.150 3 | 1.173 5 | 1.197 3 |
|---|---|---|---|---|
| $f(x)$ | 0.119 1 | 0.139 54 | 0.159 32 | 0.179 03 |

用三次多项式对函数 $f(x)$ 进行插值,计算 $f(1.1300)$ 的近似值,并画出插值多项式图形。

**解:** 根据已知条件,把 4 个点 $x_1 = 1.127\ 5$,$x_2 = 1.150\ 3$,$x_3 = 1.173\ 5$,$x_4 = 1.197\ 3$ 分别代入三次多项式 $P(x) = a_0 + a_1 x + a_2 x^2 + a_3 x^3$ 中,可得如下线性方程组:

$$\begin{cases} a_0 + a_1 x_1 + a_2 x_1^2 + a_3 x_1^3 = 0.119\ 1 \\ a_0 + a_1 x_2 + a_2 x_2^2 + a_3 x_2^3 = 0.139\ 54 \\ a_0 + a_1 x_3 + a_2 x_3^2 + a_3 x_3^3 = 0.159\ 32 \\ a_0 + a_1 x_4 + a_2 x_4^2 + a_3 x_4^3 = 0.179\ 03 \end{cases}$$

求解此线性方程组，可得多项式 $P(x)$。

[244]:
```
import numpy as np
from scipy import linalg
from matplotlib import pyplot as plt
plt.rcParams["font.family"] = "SimHei" # 支持图形中显示中文
a = np.array([1.1275,1.1503,1.1735,1.1973])
A = np.vander(a,increasing = True)   # 由数组 a 创建一个范德蒙矩阵
b = np.array([0.1191,0.13954,0.15932,0.17903])
x = linalg.solve(A,b)   # 求解线性方程组的解
x = x[::-1]   # 列表顺序翻转
y = np.poly1d(x)   # 以列表中的数为系数生成多项式，系数降幂次序排列
y0 = y(1.1300) # 计算多项式在 1.1300 处的值
print('插值多项式为:\n',y)
print('f(1.1300) = ',y0)
###############################################################
xx = np.linspace(1,1.5,2000) # 在 1 到 1.5 之间等距取 2000 个点
yy = y(xx) # 计算多项式在这些点的值
fig = plt.figure(figsize =(6,5))   # 创建一个画布对象，设置画布大小宽6，高6
ax = plt.gca()   # 取得自动建立的坐标系
ax.plot(xx,yy,label ='三次多项式') # 在坐标系上画图
ax.plot(a,b,'r*',label ='已知数据')
ax.legend()   # 显示图例
plt.show()
```

插值多项式为：

$$6.226\ x^3 - 22.44\ x^2 + 27.79\ x - 11.61$$

f(1.1300) = 0.12140341110967512

插值多项式图形如图 5 - 2 所示。

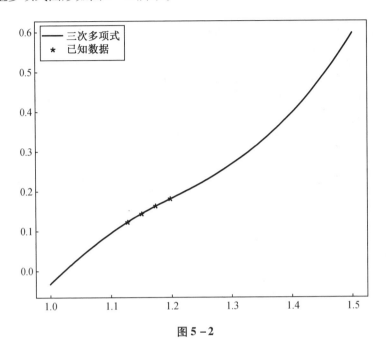

图 5 - 2

**例 5.3.4**　（一元线性回归分析模型）某企业历史年度的产量与生产总成本的关系如表 5 - 7 所示，请依据产量与成本间的历史数据，预测 2011 年产量为 320 万件时的总成本。

表 5 - 7　历史年度的产量与生产总成本的关系表

| 年度 | 产量 $x$/万件 | 总成本 $y$/万元 |
| --- | --- | --- |
| 2006 | 80 | 4600 |
| 2007 | 110 | 5500 |
| 2008 | 160 | 5850 |
| 2009 | 230 | 5350 |
| 2010 | 300 | 6200 |

**解**：首先建立模型，假设成本 $y$ 是产量 $x$ 的一次线性函数，即二者的关系是：$y = a + bx$，截距 $a$ 和系数 $b$ 是线性回归模型最关心的参数。利用回归方法可求得

此模型中的系数 $a$ 和 $b$。

[245]:
```
# 运用机器学习包 sklearn 求解线性回归问题
import numpy as np
import matplotlib. pyplot as plt
from sklearn. linear_model import LinearRegression # 导入机器学习包中的线性回归模块
x = np. array([80,110,160,230,300]). reshape(-1,1)
y = np. array([4600,5500,5850,5350,6200]). reshape(-1,1)
lr_object = LinearRegression() # 由类实例化一个线性回归对象
linear_fit = lr_object. fit(x,y) # 利用线性回归对象的方法进行数据拟合
lri = linear_fit. intercept_ # 求得模型的截距
print('截距为:',lri[0])
lrc = linear_fit. coef_  # 求得系数
print('系数为:',lrc[0][0])
lrp = linear_fit. predict([[320]])# 预测
print('预测产量为320万件的总成本为{}万元:'. format(lrp[0]))
```

截距为:4626.0273972602745

系数为:4.965753424657532

预测产量为320万件的总成本为[6215.06849315]万元。

因此,可以认为产量与成本间的关系式为:$y = 4\ 626.027 + 4.965\ 8x$,即每增加一个单位的产量,就需要增加约 5 单位的成本。当 $x = 320$ 万件时,利用上述关系,可知,$y = 6\ 215$ 万元。

### 5.3.5 实验习题

1. 氮和氧的相对原子质量 $A_r(N) = 14$,$A_r(O) = 16$。用表 5-8 给出的 6 种氮氧化合物的相对分子量来计算氮和氧的相对原子量。

表 5-8  6 种氮氧化合物相对分子量

| NO | $N_2O$ | $NO_2$ | $N_2O_3$ | $N_2O_5$ | $N_2O_4$ |
|---|---|---|---|---|---|
| 30.006 | 44.013 | 46.006 | 76.012 | 108.010 | 92.011 |

2. 合金的强度 $y$ 与其中的碳含量 $x$ 有密切关系。现从生产中收集了一批数据如表

5-9 所示,试对 $x$ 与 $y$ 的关系进行线性回归分析 $y = a + bx$,并确定 $a$ 与 $b$ 的值。

表 5-9 合金强度 $y$ 与碳含量 $x$ 的关系

| $x$ | 0.10 | 0.11 | 0.12 | 0.13 | 0.14 | 0.15 | 0.16 | 0.17 | 0.18 |
|---|---|---|---|---|---|---|---|---|---|
| $y$ | 42.0 | 41.5 | 45.0 | 45.5 | 45.0 | 47.5 | 49.0 | 55.0 | 50.0 |

# 第6章 矩阵对角化与二次型

## 6.1 特征值与特征向量

### 【实验目的】

(1)掌握 Python 求解矩阵特征值与特征向量的方法;

(2)利用 Python 理解线性变换的几何意义。

### 6.1.1 实验内容

**例 6.1.1** 求三阶方阵 $\begin{bmatrix} 11 & 12 & 13 \\ 14 & 15 & 16 \\ 17 & 18 & 19 \end{bmatrix}$ 的特征多项式,并求特征值。

[246]:
```
# NumPy 方法
import numpy as np
A = np.array([[11,12,13],[14,15,16],[17,18,19]])
p = np.poly(A) # 计算矩阵 A 的特征多项式。
print('特征多项式的系数(高次幂 ----> 低次幂):',p)
v = np.roots(p)      # 求特征多项式的零点。
np.set_printoptions(suppress = 'True')
print('特征值为:',v)
```

特征多项式的系数(高次幂 ----> 低次幂): [ 1. -45. -18. -0.]
特征值为:[45.39650628  -0.39650628  -0.          ]

[247]:
```
# SymPy
import sympy as sy
A = sy.Matrix([[11,12,13],[14,15,16],[17,18,19]])
p = A.charpoly() # 矩阵的特征多项式
```

```
print('特征值为:')
lamda = sy. roots(p)
# 特征多项式的零点 ,返回值为字典,key 为特征值,value 为特征值的代数重数。
for key in lamda. keys( ):# 取出字典的 key
    print(key)
print('特征多项式为:')
p. as_expr( ) # 把多项式对象转换为表达式对象
```

特征值为:

$45/2 - 3 * sqrt(233)/2$

$45/2 + 3 * sqrt(233)/2$

$0$

特征多项式为:

$[247]: \lambda^3 - 45\lambda^2 - 18\lambda$

**例 6.1.2** 已知向量 $x = \begin{bmatrix} 2 \\ 1 \end{bmatrix}$,请分析经过线性变换 $y_i = Ax_i$ 后,向量 $y_i$ 与向量 $x_i$ 的几何关系。其中 $A_i$ 分别为

$$A_1 = \begin{bmatrix} -1 & 0 \\ 0 & 1 \end{bmatrix}, A_2 = \begin{bmatrix} 1 & 0 \\ 0 & -1 \end{bmatrix}, A_3 = \begin{bmatrix} 0.5 & 0 \\ 0 & 2 \end{bmatrix}, A_4 = \begin{bmatrix} \cos\dfrac{\pi}{2} & \sin\dfrac{\pi}{2} \\ -\sin\dfrac{\pi}{2} & \cos\dfrac{\pi}{2} \end{bmatrix}$$

```
[248]: import numpy as np
       import numpy as np
       from matplotlib import pyplot as plt
       plt. rcParams["font. family"] = "SimHei" # 绘图中正确显示中文
       plt. rcParams['axes. unicode_minus'] = False # 正确显示坐标轴上的负号
       fig = plt. figure(figsize = ((10,10)))
       x = np. array([2,1])
       ###############################################################
       A1 = np. array([[ -1,0], [0,1]])
       y1 = A1@ x
       ax1 = plt. subplot (221)
```

```
ax1. axis([-3,3,-3,3])
ax1. arrow(0,0,2,1,linewidth = 3.0, head_width = 0.1, head_length = 0.
    15,length_includes_head = True)
ax1. arrow(0,0,y1[0], y1[1],color = 'r',linewidth = 3.0, head_width = 0.1,
    head_length = 0.15,length_includes_head = True)
ax1. set_title('$y_1 = A_1x$',fontsize = 18)
ax1. grid(True)
####################################################################
A2 = np. array([[1,0],[0,-1]])
y2 = A2@ x
ax2 = plt. subplot(222)
ax2. axis([-3,3,-3,3])
ax2. arrow(0,0,2,1,linewidth = 3.0, head_width = 0.1, head_length = 0.15,
    length_includes_head = True)
ax2. arrow(0,0,y2[0],y2[1],color = 'r',linewidth = 3.0, head_width = 0.1,
    head_length = 0.15,length_includes_head = True)
ax2. set_title('$y_2 = A_2x$',fontsize = 18)
ax2. grid(True)
####################################################################
A3 = np. array([[0.5,0], [0,2]])
y3 = A3@ x
ax3 = plt. subplot(223)
ax3. axis([-3,3,-3,3])
ax3. arrow(0,0,2,1,linewidth = 3.0, head_width = 0.1, head_length = 0.15,
    length_includes_head = True)
ax3. arrow(0,0,y3[0],y3[1],color = 'r',linewidth = 3.0, head_width = 0.1,
    head_length = 0.15,length_includes_head = True)
ax3. set_title('$y_3 = A_3x$',fontsize = 18)
ax3. grid(True)
####################################################################
alpha = np. pi/2
A4 = np. array([[np. cos(alpha),np. sin(alpha)], [-np. sin(alpha),np. cos(alpha)]])
y4 = A4@ x
ax4 = plt. subplot(224)
```

```
ax4. axis([ -3,3, -3,3])
ax4. arrow(0,0,2,1,linewidth = 3.0, head_width = 0.1, head_length = 0.15,
    length_includes_head = True)
ax4. arrow(0,0,y4[0],y4[1],color = 'r',linewidth = 3.0, head_width = 0.1,
    head_length = 0.15,length_includes_head = True)
ax4. set_title(' $ y_4 = A_4x $ ',fontsize = 18)
ax4. grid(True)
plt. show()
```

向量 $\boldsymbol{y}_i$ 与向量 $\boldsymbol{x}_i$ 的几何关系如图 6-1 所示。

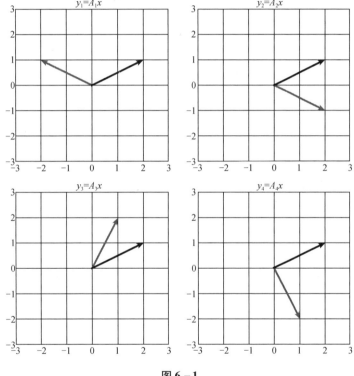

图 6-1

**例 6.1.3** 求矩阵 $\begin{bmatrix} 0.5 & 0.25 \\ 0.25 & 0.5 \end{bmatrix}$ 的特征值与特征向量。

```
[249]: # 运用符号计算库 SymPy 求解方阵的特征多项式和特征值
       import sympy as sy
       A = sy.Matrix([[sy.S(1)/2,sy.S(1)/4],[sy.S(1)/4,sy.S(1)/2]])
       p = A.charpoly().as_expr()  # 使用矩阵类的方法计算矩阵 A 的特征多项式
       # p = sy.Matrix.charpoly(A).as_expr() 也可以选择使用函数实现
       lamda = sy.solve(p)  # 解特征方程
       #root = sy.roots(p)  # 求特征多项式的零点,返回值为字典{key:value},其中 key 为特征
       值,value 为特征值的代数重数
       # for i in root.keys():  # 取出字典中的 key
       # print('特征值为',i)
       print('矩阵 A 的特征值为:{},{}.'.format(lamda[0],lamda[1]))
       A1 = lamda[0] * sy.eye(2) - A # 求解 (lamda * E - A)x = 0 的基础解系
       x1 = A1.nullspace()[0]
       A2 = lamda[1] * sy.eye(2) - A # 求解 (lamda * E - A)x = 0 的基础解系
       x2 = A2.nullspace()[0]
       print('矩阵 A 属于特征值{}的特征向量为:\n{}'.format(lamda[0],x1))
       print('矩阵 A 属于特征值{}的特征向量为:\n{}'.format(lamda[1],x2))
```

矩阵 A 的特征值为:1/4,3/4。

矩阵 A 属于特征值 1/4 的特征向量为:

Matrix([[-1],[1]])

矩阵 A 属于特征值 3/4 的特征向量为:

Matrix([[1],[1]])

```
[250]: # SymPy 方法求特征值和特征向量
       import sympy as sy
       A = sy.Matrix([[sy.S(1)/2,sy.S(1)/4],[sy.S(1)/4,sy.S(1)/2]]) # 使用 sympy 有理数
       类表示
       lamda = A.eigenvects()
       print(lamda)
```

[(1/4, 1, [Matrix([

[-1],

$[-1]])]), (3/4, 1 [Matrix,([$
$[1],$
$[1]])])]$

由运行结果可知矩阵的特征值为 $\lambda_1 = \dfrac{1}{4}$, $\lambda_2 = \dfrac{3}{4}$, 特征向量为 $\boldsymbol{p}_1 = \begin{bmatrix} -1 \\ 1 \end{bmatrix}$,

$\boldsymbol{p}_2 = \begin{bmatrix} 1 \\ 1 \end{bmatrix}$。

利用 SymPy 包中的模块 Matrix 的函数 eigenvals 计算矩阵的特征值。返回值为字典{eigenvalue: algebraic multiplicity}, 其中 eigenvalue 表示特征值, algebraic multiplicity 表示此特征值的代数重数。利用 SymPy 包中的模块 Matrix 的函数 eigenvects 计算矩阵的特征向量。返回值为列表, 列表中的元素为形如(eigenvalue, algebraic multiplicity, [eigenvectors])的元组。其中元组中第一个元素为 eigenvalue 特征值, 元组中第二个元素 algebraic multiplicity 为特征值的代数重数, 第三个元素 [eigenvectors]为属于此特征值的线性无关的特征向量, 线性无关的特征向量个数为特征值的几何重数。

```
[251]:  # 利用 NumPy 包中 linalg 模块中的函数 eig() 计算矩阵 A 的特征值和特征向量
        import numpy as np
        from scipy import linalg
        A = np.array([[0.5,0.25],[0.25,0.5]])
        V,D = linalg.eig(A)  # 返回值 V 为维数组, V 中元素为 A 的特征值, 返回值 D 为二维数# 组,
        D 为 A 的标准特征向量形成的矩阵.
        print('矩阵 A 的特征值为:{},{}:'.format(V[0],V[1]))
        print('矩阵 D 的列为特征向量, 矩阵 D 为:\n',D)
```

矩阵 A 的特征值为:(0.75 +0j),(0.25 +0j):

矩阵 D 的列为特征向量, 矩阵 D 为:

$[[\ 0.70710678 \ -0.70710678]$
$[\ 0.70710678 \ \ \ 0.70710678]]$

### 6.1.2 实验习题

1. 求三阶方阵 $A = \begin{bmatrix} 11 & 13 & 6 \\ 2 & 4 & 7 \\ 5 & 3 & 9 \end{bmatrix}$ 的特征多项式,并求特征值。

2. 求矩阵 $A = \begin{bmatrix} 18 & 25 \\ 27 & 11 \end{bmatrix}$ 的特征值和特征向量。

# 6.2 矩阵对角化

## 【实验目的】

掌握 Python 软件分析矩阵可否对角化的方法。

**例 6.2.1** 化方阵 $A = \begin{bmatrix} 2 & 2 & -2 \\ 2 & 5 & -4 \\ -2 & -4 & 5 \end{bmatrix}$ 为对角阵。

**解:**

[252]:
```python
# NumPy + SciPy 方法
import numpy as np
from scipy import linalg
A = np.array([[2,2,-2],[2,5,-4],[-2,-4,5]])
D,P = linalg.eig(A)    # P 的列为标准(归一)特征向量
print('特征值为:\n',D)
print('相似变换矩阵为:\n',P)
print('相似对角化为:P^-1 * AP = \n',linalg.inv(P)@A@P)
```

特征值为:

[ 1. +0.j 10. +0.j 1. +0.j]

相似变换矩阵为:

[[ -0.94280904    0.33333333    0.13185277]

[   0.23570226    0.66666667    0.66719454]

[  -0.23570226   -0.66666667    0.73312093]]

相似对角化为:P^-1 * AP =

```
[[ 1.   0.  -0. ]
 [ 0.  10.  -0. ]
 [-0.   0.   1. ]]
```

通常情况下,使用 scipy. linalg. eig( )得到的特征向量形成的矩阵不是正交矩阵,从而对角化为相似对角化,即存在可逆矩阵 $P$,使得 $P^{-1}AP = \Lambda$,其中 $\Lambda$ 为对角矩阵,对角线上的元素为矩阵 $A$ 的特征值。我们可以对特征向量进行正交化,得到一个正交矩阵。

[253]:
```
print('验证:P. T * P = \n', P. T@ P)
Q = linalg. orth(P)    # 对矩阵 P 的列正交化
print('正交相似变换矩阵为:\n', Q)
np. set_printoptions( suppress = True )
print('验证:Q. T * A * Q = \n', Q. T@ A@ Q)
```

验证:P. T * P =
```
[[ 1.          -0.          -0.13985098]
 [-0.           1.          -0.        ]
 [-0.13985098  -0.           1.        ]]
```
正交相似变换矩阵为:
```
[[-0.71175869  -0.33333333   0.61829479]
 [-0.28578142  -0.66666667  -0.68839272]
 [-0.64166077   0.66666667  -0.37924532]]
```
验证:Q. T * A * Q =
```
[[ 1.  -0.  -0. ]
 [-0.  10.  -0. ]
 [-0.  -0.   1. ]]
```

[254]:
```
# SymPy 可预先测试矩阵可否对角化
import sympy as sy
A = sy. Matrix([[2,2,-2],[2,5,-4],[-2,-4,5]])
A. is_diagonalizable( )
```

[254]: True

```
[255]:  A = sy.Matrix([[2,2, -2],[2,5, -4],[ -2, -4,5]])
        P, D = A.diagonalize( ) # 方阵对角化
        print('对角矩阵为||,对角线上的元素为矩阵 A 的特征值。'.format(D))
        print('验证 P^ -1 * AP = \n',P ** -1 * A * P)
        print('可逆矩阵 P 为:')
        P
```

对角矩阵为 Matrix([[1, 0, 0], [0, 1, 0], [0, 0, 10]]),对角线上的元素为矩阵 A 的特征值。

验证 P^ -1 * AP =

Matrix([[1, 0, 0], [0, 1, 0], [0, 0, 10]])

可逆矩阵 P 为:

$$[255]: \begin{bmatrix} -2 & 2 & -1 \\ 1 & 0 & -2 \\ 0 & 1 & 2 \end{bmatrix}$$

可以通过施密特正交化过程,得到由特征向量形成的正交矩阵。

```
[256]:  GS = sy.GramSchmidt([P[:,0], P[:,1], P[:,2]], orthonormal = True)
        Q = sy.Matrix([GS])
        Q
```

$$[256]: \begin{bmatrix} -\dfrac{2\sqrt{5}}{5} & \dfrac{2\sqrt{5}}{15} & -\dfrac{1}{3} \\ \dfrac{\sqrt{5}}{5} & \dfrac{4\sqrt{5}}{15} & -\dfrac{2}{3} \\ 0 & \dfrac{\sqrt{5}}{3} & \dfrac{2}{3} \end{bmatrix}$$

在此正交变换下,矩阵可正交对角化,即

```
[257]:  Q.T * A * Q
```

$$[257]: \begin{bmatrix} 1 & 0 & 0 \\ 0 & 1 & 0 \\ 0 & 0 & 10 \end{bmatrix}$$

注意:两种方法得到的正交对角化的正交变换矩阵不同,思考一下这是为什么? 正交变换矩阵不唯一。

**例 6.2.2**　将下列实对称矩阵正交对角化

$$(1) A = \begin{bmatrix} 2 & 1 & 1 \\ 1 & 2 & 1 \\ 1 & 1 & 2 \end{bmatrix};$$

$$(2) A = \begin{bmatrix} -\dfrac{1}{2} & \dfrac{1}{4} & 0 & 0 & 0 \\ \dfrac{1}{4} & -\dfrac{1}{2} & \dfrac{1}{4} & 0 & 0 \\ 0 & \dfrac{1}{4} & -\dfrac{1}{2} & \dfrac{1}{4} & 0 \\ 0 & 0 & \dfrac{1}{4} & -\dfrac{1}{2} & \dfrac{1}{4} \\ 0 & 0 & 0 & \dfrac{1}{4} & -\dfrac{1}{2} \end{bmatrix} 。$$

[258]:
```
# NumPy + SciPy 矩阵对称时,可使用 linalg. eigh 得到正交对角化
#(1)
import numpy as np
from scipy import linalg
A1 = np. ones((3,3))
A2 = np. eye(3)
A = A1 + A2
D,P = linalg. eigh(A)
print('正交变换矩阵为:\n',P)
print('对角矩阵为:\n',P. T@ A@ P)
```

正交相似变换矩阵为:

[[ 0.71737469   −0.38992335   −0.57735027]

[ −0.69637087   −0.42630303   −0.57735027]

[ −0.02100382   0.81622638   −0.57735027]]

对角矩阵为:

[[ 1.   −0.   −0. ]

[ −0.   1.   0. ]

[ −0.   0.   4. ]]

[259]:
```
#(2)
import numpy as np
from scipy import linalg
a1 = -1/2 * np.ones(5)    # 利用数组的特殊输入
a2 = 1/4 * np.ones(4)
A1 = np.diag(a1)
A2 = np.diag(a2,1)
A3 = np.diag(a2,-1)
A = A1 + A2 + A3
D,P = linalg.eigh(A)
print('正交变换矩阵为:\n',P)
print('对角矩阵为:\n',P.T@ A@ P)
```

正交变换矩阵为:
$$\begin{bmatrix} -0.28867513 & 0.5 & 0.57735027 & -0.5 & 0.28867513 \\ 0.5 & -0.5 & 0. & -0.5 & 0.5 \\ -0.57735027 & 0. & -0.57735027 & -0. & 0.57735027 \\ 0.5 & 0.5 & -0. & 0.5 & 0.5 \\ -0.28867513 & -0.5 & 0.57735027 & 0.5 & 0.28867513 \end{bmatrix}$$

对角矩阵为:
$$\begin{bmatrix} -0.9330127 & 0. & -0. & 0. & -0. \\ 0. & -0.75 & 0. & -0. & 0. \\ -0. & 0. & -0.5 & 0. & -0. \\ 0. & -0. & 0. & -0.25 & -0. \\ -0. & 0. & -0. & -0. & -0.0669873 \end{bmatrix}$$

**例 6.2.3** 假设某种农作物具有三种基因型 AA, Aa 及 aa, 技术人员采用基因型 AA 进行授粉作为育种方案。设 $a_0, b_0, c_0$ 为三种基因型的初始分布, 表示初始时三种基因型所占百分比, 且有 $a_0 + b_0 + c_0 = 1$, 写出此育种方案后代总体中, 三种基因型分布的表达式。

**解**: 记 $a_n(n = 0,1,\cdots)$ 为第 $n$ 代中 AA 基因型农作物所占百分比, $b_n(n=0, 1,\cdots)$ 为第 $n$ 代中 Aa 基因型农作物所占百分比, $c_n(n=0,1,\cdots)$ 为第 $n$ 代中 aa 基因型农作物所占百分比。

由于采用基因型 AA 进行授粉, 从上一代基因型分布产生下一代基因型分布可用递推公式表示：

$$\begin{cases} a_n = a_{n-1} + \dfrac{b_{n-1}}{2} \\[2mm] b_n = c_{n-1} + \dfrac{b_{n-1}}{2} & ,n \geqslant 1 \\[2mm] c_n = 0 \end{cases}$$

这一递推公式的矩阵表示为

$$\begin{bmatrix} a_n \\ b_n \\ c_n \end{bmatrix} = \begin{bmatrix} 1 & \dfrac{1}{2} & 0 \\[2mm] 0 & \dfrac{1}{2} & 1 \\[2mm] 0 & 0 & 0 \end{bmatrix} \begin{bmatrix} a_{n-1} \\ b_{n-1} \\ c_{n-1} \end{bmatrix}, n \geqslant 1$$

记

$$\boldsymbol{X}_n = \begin{bmatrix} a_n \\ b_n \\ c_n \end{bmatrix}, \; \boldsymbol{X}_{n-1} = \begin{bmatrix} a_{n-1} \\ c_{n-1} \end{bmatrix}, \; \boldsymbol{M} = \begin{bmatrix} 1 & \dfrac{1}{2} & 0 \\[2mm] 0 & \dfrac{1}{2} & 1 \\[2mm] 0 & 0 & 0 \end{bmatrix}$$

递推公式可表示为

$$\boldsymbol{X}_n = \boldsymbol{M}\boldsymbol{X}_{n-1} = \boldsymbol{M}^2\boldsymbol{X}_{n-2} = \cdots = \boldsymbol{M}^n\boldsymbol{X}_0$$

```
[260]: # 使用 NumPy + SciPy 计算,取 a0 = 1/3,b0 = 1/3,c0 = 1/3,N = 50
       import numpy as np
       N = 50
       x0 = np.array([1/3,1/3,1/3])
       M = np.array([[1,1/2,0], [0,1/2,1], [0,0,0]])
       np.set_printoptions(suppress = True)
       np.linalg.matrix_power(M,N) @ x0
```

[260]: array([1., 0., 0.])

```
[261]: # 使用 SymPy 计算
       import sympy as sy
       N = 50
       x0 = sy.Matrix([[sy.Rational(1,3)],[sy.Rational(1,3)],[sy.Rational(1,3)]]) # 运
```

```
用有理数表示
M = sy.Matrix([[1,sy.Rational(1,2),0],[0,sy.Rational(1,2),1],[0,0,0]])
X50 = M**N*x0
X50
```

$$[261]: \begin{bmatrix} \dfrac{1125899906842623}{1125899906842624} \\ \dfrac{1}{1125899906842624} \\ 0 \end{bmatrix}$$

```
[262]: # 矩阵对角化方法:找到一个可逆矩阵 P 和一个对角阵 D,使得 M = PDP^-1,于是
       #M^n = PD^nP^-1。
       import numpy as np
       x0 = np.array([1/3,1/3,1/3])
       n = 50
       M = np.array([[1,1/2,0],[0,1/2,1],[0,0,0]])
       D,P = np.linalg.eig(M)
       D = np.diag(D)
       P@ D**n@ linalg.inv(P)@ x0
```

$[262]:$ array([1., 0., 0.])

## 6.2.2 实验习题

1. 将方阵 $A = \begin{bmatrix} 1 & 3 & 4 \\ 2 & 1 & 1 \\ 3 & -1 & 3 \end{bmatrix}$ 相似对角化。

2. 将下列实对称矩阵正交对角化

$(1) A = \begin{bmatrix} 2 & -2 & 0 \\ -2 & 1 & -2 \\ 0 & -2 & 0 \end{bmatrix}$; $(2) A = \begin{bmatrix} 2 & 2 & 2 \\ 2 & 2 & 1 \\ 2 & 1 & 3 \end{bmatrix}$; $(3) A = \begin{bmatrix} 2 & 1 & -2 \\ 1 & 2 & -1 \\ -2 & -1 & 5 \end{bmatrix}$。

3. 伴性基因是一种位于 X 染色体上的基因。例如,红绿色盲基因是一种隐性的伴性基因。令 $x_1^{(0)}$ 为男性中有色盲基因的比例,并令 $x_2^{(0)}$ 为女性中有色盲基因的比例。由于男性从母亲处获得一个 X 染色体,且不从父亲处获得 X 染色体,所以下一代的男性中色盲的比例 $x_1^{(1)}$ 将和上一代的女性中所含有隐性色盲基因比例

相同。由于女性从父母处分别得到一个 X 染色体,所以下一代女性中含有隐性基因的比例 $x_2^{(1)}$ 将为 $x_1^{(0)}$ 和 $x_2^{(0)}$ 的平均值。验证:当代数增加时,男性和女性中含有色盲基因的比例将趋于相同的数值含有色盲基因的比例将趋于相同的数值。

# 6.3 二次型的正交标准型与正定二次型

## 【实验目的】

(1)掌握利用 Python 进行二次型正交标准化方法;

(2)掌握利用 Python 判断正定二次型的方法。

### 6.3.1 实验内容

**例 6.3.1** 求正交变换 $x = Py$ 将下列二次型化为标准型:

(1) $f(x_1,x_2,x_3) = 2x_1^3 + 2x_1x_2 + 2x_1x_3 + 2x_2^2 + 2x_2x_3 + 2x_3^2$;

(2) $f(x_1,x_2,x_3) = x_1^2 + 4x_2^2 - 4x_1x_2 - 8x_1x_3 - 4x_2x_3$。

[263]:
```
#(1) 首先写出二次型矩阵,然后对二次型矩阵正交对角化,得到二次型正交标准型
import numpy as np
from scipy import linalg
A = np.array([[2,1,1],[1,2,1],[1,1,2]])
D,P = linalg.eigh(A)
print('正交矩阵为:\n',P)
print('正交变换得到的对角矩阵为:\n',P.T@A@P)
```

正交矩阵为:

$$\begin{bmatrix} 0.71737469 & -0.38992335 & -0.57735027 \\ -0.69637087 & -0.42630303 & -0.57735027 \\ -0.02100382 & 0.81622638 & -0.57735027 \end{bmatrix}$$

正交变换得到的对角矩阵为:

$$\begin{bmatrix} 1. & -0. & -0. \\ -0. & 1. & 0. \\ -0. & 0. & 4. \end{bmatrix}$$

由计算可知,正交变换 $x = Py$ 化二次型为正交标准型:$f(y_1,y_2,y_3) = y_1^2 + y_2^2 +$

$4y_3^2$，其中正交矩阵为：

$$P = \begin{bmatrix} 0.76107576 & -0.29568624 & 0.57735027 \\ -0.63660967 & -0.51126783 & 0.57735027 \\ -0.12446609 & 0.80695406 & 0.57735027 \end{bmatrix}$$

[264]:
```
# 使用 SymPy
import sympy as sy
A = sy.Matrix([[2,1,1],[1,2,1],[1,1,2]])
P,D = A.diagonalize()
GS = sy.GramSchmidt([P[:,0],P[:,1],P[:,2]],orthonormal=True)
Q = sy.Matrix([GS])
print('对角矩阵为:',D)
print('正交矩阵为:')
Q
```

对角矩阵为：Matrix([[1, 0, 0], [0, 1, 0], [0, 0, 4]])

正交矩阵为：

[264]:
$$\begin{bmatrix} -\dfrac{\sqrt{2}}{2} & -\dfrac{\sqrt{6}}{6} & \dfrac{\sqrt{3}}{3} \\[2mm] \dfrac{\sqrt{2}}{2} & -\dfrac{\sqrt{6}}{6} & \dfrac{\sqrt{3}}{3} \\[2mm] 0 & \dfrac{\sqrt{6}}{3} & \dfrac{\sqrt{3}}{3} \end{bmatrix}$$

由二次型矩阵 $A$ 的特征值为 $1,1,4$，可知此二次型为正定二次型，这也可以由 SymPy 包中矩阵类的属性得到判断结果，即

[265]:
```
A.is_positive_definite# 判断是否为正定矩阵,是就返回 True,否则返回 False
```

[265]: True

[266]:
```
A.is_positive_semidefinite# 判断是否为正半定
```

[266]: True

[267]:
```
A.is_negative_definite # 判断是否为负定
```

[267]: False

[268]: A. is_negative_semidefinite

[268]: False

[269]: 
```
#(2)
import numpy as np
from scipy import linalg
A = np.array([[1, -2, -4], [-2, 4, -2], [-4, -2, 2]])
D,P = linalg.eigh(A)
print('正交矩阵为:\n', P)
print('正交变换得到的对角矩阵为:\n', P.T@A@P)
```

交矩阵为:

[[-0.69805956    0.4472136    -0.55920734]

[-0.34902978    -0.89442719    -0.27960367]

[-0.62521281    0.            0.78045432]]

正交变换得到的对角矩阵为:

[[-3.58257569    0.            -0.          ]

[ 0.            5.            0.          ]

[-0.            0.            5.58257569]]

由计算可知,正交变换 $x = Py$ 化二次型为正交标准型:$f(y_1, y_2, y_3) = -3.58257569y_1^2 + 5y_2^2 + 5.58257569y_3^2$。

**例 6.3.2** 一个租车公司出租四种类型的汽车:四门轿车、多用途车(MPV)、多功能运动型车(SUV)和多功能轿车(CUV)。假设出租的租期为一年,在每一年租期结束时,顾客需要续签出租协议,并选择一辆新汽车。汽车出租可看成一个有四种可能输出的过程,每种输出的概率可以通过回顾以前的出租记录进行预测。记录表明,转移概率关系如表6-1所示。

表6-1 转移概率关系

| 当前车型 | | | | 下期车型 |
|---|---|---|---|---|
| 轿车 | SUV | MPV | CUV | |
| 0.8 | 0.1 | 0.05 | 0.05 | 轿车 |
| 0.1 | 0.8 | 0.05 | 0.05 | SUV |
| 0.05 | 0.05 | 0.8 | 0.1 | MPB |
| 0.05 | 0.05 | 0.1 | 0.8 | CUV |

以轿车为例,当前租用轿车的顾客有80%的可能性在下一租期继续租用轿车,有10%的可能性在下一租期改租SUV,另外分别有5%的可能性选择MPV和CUV。如果初始时,租车公司出租了200辆轿车,其他三种车型各100辆,假设这些顾客不间断租车过程,求第10年和第100年客户租车情况分布的百分比。

**解:**设初始时客户租车情况百分比为 $x_0 = \begin{bmatrix} \dfrac{200}{500} & \dfrac{100}{500} & \dfrac{100}{500} & \dfrac{100}{500} \end{bmatrix}^T = \begin{bmatrix} 0.4 \end{bmatrix}$

$0.2 \quad 0.2 \quad 0.2 ]^T$。换车的转移概率矩阵为

$$A = \begin{bmatrix} 0.8 & 0.1 & 0.05 & 0.05 \\ 0.1 & 0.8 & 0.05 & 0.05 \\ 0.05 & 0.05 & 0.8 & 0.1 \\ 0.05 & 0.05 & 0.1 & 0.8 \end{bmatrix}$$

则可得到一年后客户租车情况百分比为

$$x_1 = Ax_0 = \begin{bmatrix} 0.8 & 0.1 & 0.05 & 0.05 \\ 0.1 & 0.8 & 0.05 & 0.05 \\ 0.05 & 0.05 & 0.8 & 0.1 \\ 0.05 & 0.05 & 0.1 & 0.8 \end{bmatrix} \begin{bmatrix} 0.4 \\ 0.2 \\ 0.2 \\ 0.2 \end{bmatrix}$$

同理,可以预测未来 $n$ 年顾客租车情况分布的百分比: $x_n = Ax_{n-1} = \cdots = A^{n-1}x_1 = A^n x_0$。

```
[270]: import numpy as np
       from scipy import linalg
       A = np.array([[0.8,0.1,0.05,0.05],[0.1,0.8,0.05,0.05],[0.05,0.05,0.8,0.1],
           [0.05,0.05,0.1,0.8]])
       x0 = np.array([0.4,0.2,0.2,0.2])
       D,P = linalg.eigh(A)
       print('正交矩阵为:\n',P)
       M = P.T@A@P
       print('正交变换得到的对角矩阵为 M:\n',M)
       x10 = P@M**10@P.T@x0
       print('第10年客户租车情况分布的百分比:\n',x10)
       x100 = P@M**100@P.T@x0
       print('第100年客户租车情况分布的百分比:\n',x100)
```

正交矩阵为：

$$
\begin{bmatrix}
[\ 0. & 0.70710678 & 0.5 & -0.5 & ] \\
[\ 0. & -0.70710678 & 0.5 & -0.5 & ] \\
[\ -0.70710678 & -0. & -0.5 & -0.5 & ] \\
[\ 0.70710678 & -0. & -0.5 & -0.5 & ]]
\end{bmatrix}
$$

正交变换得到的对角矩阵为 M：

$$
\begin{bmatrix}
[[0.7 & -0. & 0. & 0.\ ] \\
[\ -0. & 0.7 & 0. & -0.\ ] \\
[\ 0. & 0. & 0.8 & 0.\ ] \\
[\ 0. & 0. & 0. & 1.\ ]]
\end{bmatrix}
$$

第 10 年客户租车情况分布的百分比：

$$[\ 0.25819346 \quad 0.25254396 \quad 0.24463129 \quad 0.24463129\ ]$$

第 100 年客户租车情况分布的百分比：

$$[\ 0.25 \quad 0.25 \quad 0.25 \quad 0.25\ ]$$

**例 6.3.3** R 公司和 S 公司制造经营同类生活必需品，产品市场被这两家公司完全占有并相互竞争。每年选择 R 公司产品的 $\dfrac{3}{4}$ 顾客会转移选择 S 公司的产品，每年选择 S 公司产品的 $\dfrac{1}{3}$ 顾客会转移选择 R 公司的产品。当产品最初开始制造销售时，R 公司占有 $\dfrac{3}{5}$ 的市场份额，而 S 公司占有 $\dfrac{2}{5}$ 的市场份额。问一年后两家的市场份额是怎样变动的？ 五年后，十年后，市场份额是如何分布的？ 是否有一组初始市场份额分布，使得以后每年的市场份额稳定不变？

**解**：设 $a_n, b_n (n=0,1,\cdots)$ 表示 S 公司和 R 公司的初始市场份额，且满足 $a_n + b_n = 1$。令 $x_n = [\ a_n \quad b_n\ ]^{\mathrm{T}}$ 为市场份额分布。则 R 公司初始份额为 $a_0 = \dfrac{3}{5}$，S 公司初始份额为 $b_0 = \dfrac{2}{5}$。一年后市场份额为

$$
\begin{cases}
a_1 = \dfrac{1}{4}a_0 + \dfrac{1}{3}b_0 \\[2mm]
b_1 = \dfrac{2}{3}b_0 + \dfrac{3}{4}a_0
\end{cases}
$$

矩阵形式为

$$
\begin{bmatrix} a_1 \\ b_1 \end{bmatrix} = \begin{bmatrix} \dfrac{1}{4} & \dfrac{1}{3} \\[2mm] \dfrac{3}{4} & \dfrac{2}{3} \end{bmatrix} \begin{bmatrix} a_0 \\ b_0 \end{bmatrix}
$$

因为每年市场变化规律相同,所以转移概率矩阵为

$$
A = \begin{bmatrix} \dfrac{1}{4} & \dfrac{1}{3} \\[2mm] \dfrac{3}{4} & \dfrac{2}{3} \end{bmatrix}
$$

由此可知 $n$ 年后市场份额的分布情况: $x_n = Ax_{n-1} = \cdots = A^{n-1}x_1 = A^n x_0$。

为了寻找某一初始份额,使得以后每年的市场份额是稳定不变的,可设 S 公司和 R 公司的初始市场份额分别为 $a, b$,且满足 $a + b = 1$,于是有

$$
\begin{bmatrix} \dfrac{1}{4} & \dfrac{1}{3} \\[2mm] \dfrac{3}{4} & \dfrac{2}{3} \end{bmatrix} \begin{bmatrix} a \\ b \end{bmatrix} = \begin{bmatrix} a \\ b \end{bmatrix}
$$

若该方程组联合限制条件 $a + b = 1$,等价变形为

$$
\begin{bmatrix} \dfrac{1}{4} - 1 & \dfrac{1}{3} \\[2mm] \dfrac{3}{4} & \dfrac{2}{3} - 1 \\[2mm] 1 & 1 \end{bmatrix} \begin{bmatrix} a \\ b \end{bmatrix} = \begin{bmatrix} 0 \\ 0 \\ 1 \end{bmatrix}
$$

[271]:
```python
import numpy as np
from scipy import linalg
A = np.array([[1/4,1/3],[3/4,2/3]])
x0 = np.array([3/5,2/5])
x1 = A@ x0
print('一年后的市场份额分布为:',x1)
x5 = np.linalg.matrix_power(A,5)@ x0
print('五年后的市场份额分布为:',x5)
x10 = np.linalg.matrix_power(A,10)@ x0
print('十年后的市场份额分布为:',x10)
```

```
###########################################
b = np.array([0,0,1])
B = np.vstack((A − np.eye(2),np.ones(2)))
x = linalg.lstsq(B,b)[0]
print('初始分布为||时,市场份额稳定不变.'.format(x))
```

一年后的市场份额分布为: $[0.28333333 \quad 0.71666667]$

五年后的市场份额分布为: $[0.30769113 \quad 0.69230887]$

十年后的市场份额分布为: $[0.30769231 \quad 0.69230769]$

初始分布为 $[0.30769231 \quad 0.69230769]$ 时,市场份额稳定不变。

### 6.3.2 实验习题

1. 求正交变换 $x = Py$,将下列二次型化为标准型。

(1)$f(x_1,x_2,x_3) = 2x_1x_2 - 2x_2x_3$;

(2)$f(x_1,x_2,x_3) = 2x_1^2 + 3x_2^2 + 3x_3^2 + 4x_2x_3$。

2. 某实验性生产线每年一月份进行熟练工人的人数统计,然后将其 1/6 的熟练工人支援其他生产部门,缺额由招收非熟练工人补齐。非熟练工人经过培训及实践至年终考核有 2/5 成为熟练工人。设第 $n$ 年一月份统计的熟练工人和非熟练工人所占的百分比分别为 $x_n$ 和 $y_n$,记为向量 $[x_n,y_n]^T$。

(1)试推导向量 $[x_n,y_n]^T$ 和 $[x_{n+1},y_{n+1}]^T$ 的关系,并写成矩阵形式。

(2)当 $[x_n,y_n]^T = [0.5,0.5]^T$ 时,求第 10 年一月份统计的熟练工人和非熟练工人所占的百分比。

3. 在一城市的商业区内,有两家快餐店:肯德基分店和麦当劳分店。据统计每年肯德基保有上一年老顾客的 1/3,而另外的 2/3 顾客转移到麦当劳;每年麦当劳保有上一年老顾客的 1/2,而另外的 1/2 顾客转移到肯德基。用二维向量 $X_k = [x_k,y_k]^T$ 表示两个快餐店市场分配的情况,初始的市场分配为 $X_0 = [1/3,2/3]^T$,如果有矩阵 $L$ 存在,使得 $X_{k+1} = LX_k$,则称 $L$ 为状态转移矩阵。

(1)写出 $X_k = [x_k,y_k]^T$ 和 $X_{k+1} = [x_{k+1},y_{k+1}]^T$ 的递推关系式,以及状态转移矩阵 $L$。

(2)根据递推关系计算近几年的市场分配情况。

4. 某厂生产 A、B 两种品牌的味精,顾客的喜好决定了这两种味精的市场占有率。在生产中可根据占有率调整两种品牌味精的生产比例，获得最佳收益。该厂做市场调查后发现，一般情况下，顾客若购买 A 品牌，下次有80%的可能性购买 A 品牌；若购买了 B 品牌，下次有60%的可能性购买 B 品牌。开始时，两种品牌的市场占有率分别为50%，顾客每一次的购买会改变二者市场占有率。

（1）预测某一个顾客经过前四次购买之后，他可能第五次购买哪一个品牌的味精？

（2）预测100个顾客经过前四次购买之后，两种品牌的市场占有率可能各为多少？

# 第7章 线性代数案例

## 7.1 平面上线性变换的几何意义

对线性变换 $y = Ax$，如果 $x$ 是由第一象限的单位正方形顶点坐标构成的矩阵，即

$$x = \begin{bmatrix} 0 & 1 & 1 & 0 \\ 0 & 0 & 1 & 1 \end{bmatrix}$$

选取不同的矩阵 $A$，研究变换前后的几何形状，

$$A_1 = \begin{bmatrix} -1 & 0 \\ 0 & 1 \end{bmatrix}, \ A_2 = \begin{bmatrix} 1.5 & 0 \\ 0 & 1 \end{bmatrix}, \ A_3 = \begin{bmatrix} 1 & 0 \\ 0 & 0.2 \end{bmatrix},$$

$$A = \begin{bmatrix} 1 & 0.5 \\ 0 & 1 \end{bmatrix}, \ A_5 = \begin{bmatrix} \cos\dfrac{\pi}{6} & -\sin\dfrac{\pi}{6} \\ \sin\dfrac{\pi}{6} & \cos\dfrac{\pi}{6} \end{bmatrix}$$

```
[272]: import numpy as np
       import matplotlib. pyplot as plt
       x = np. array([[0,1,1,0],[0,0,1,1]])
       fig = plt. figure(figsize = (12,8))
       ax1 = plt. subplot(231)
       ax1. fill(x[0,:],x[1,:],'r')
       ax1. plot(0,0,'o',MarkerFaceColor = 'b',MarkerSize = 10)
       ax1. axis([-1.5,1.5,-1,2])
       ax1. axis('equal')
       ax1. grid(True)
       #######################################
       A1 = np. array([[-1,0],[0,1]])
       x1 = A1@ x
```

```
ax2 = plt.subplot(232)
ax2.fill(x1[0,:],x1[1,:],'k')
ax2.plot(0,0,'o',MarkerFaceColor = 'b',MarkerSize = 10)
ax2.axis([ -1.5,1.5, -1,2])
ax2.axis('equal')
ax2.grid(True)
###########################################
A2 = np.array([[1.5,0],[0,1]])
x2 = A2@x
ax3 = plt.subplot(233)
ax3.fill(x2[0,:],x2[1,:],'k')
ax3.plot(0,0,'o',MarkerFaceColor = 'b',MarkerSize = 10)
ax3.axis([ -1.5,1.5, -1,2])
ax3.axis('equal')
ax3.grid(True)
###########################################
A3 = np.array([[1.0,0],[0,0.2]])
x3 = A3@x
ax4 = plt.subplot(234)
ax4.fill(x3[0,:],x3[1,:],'k')
ax4.plot(0,0,'o',MarkerFaceColor = 'b',MarkerSize = 10)
ax4.axis([ -1.5,1.5, -1,2])
ax4.axis('equal')
ax4.grid(True)
###################################
A4 = np.array([[1.0,0.5],[0,1.0]])
x4 = A4@x
ax5 = plt.subplot(235)
ax5.fill(x4[0,:],x4[1,:],'k')
ax5.plot(0,0,'o',MarkerFaceColor = 'b',MarkerSize = 10)
ax5.axis([ -1.5,1.5, -1,2])
```

```
ax5. axis('equal')
ax5. grid(True)
###################################
A5 = np. array([[np. cos(np. pi/6), - np. sin(np. pi/6)],[np. sin(np. pi/6),np. cos(np. pi/
    6)]])
x5 = A5@ x
ax6 = plt. subplot(236)
ax6. fill(x5[0,:],x5[1,:],'k')
ax6. plot(0,0,'o',MarkerFaceColor = 'b',MarkerSize = 10)
ax6. grid(True)
ax6. axis([ - 1.5,1.5, - 1,2])
ax6. axis('equal')
plt. show( )
```

线性变换过程如图 7 – 1 所示。

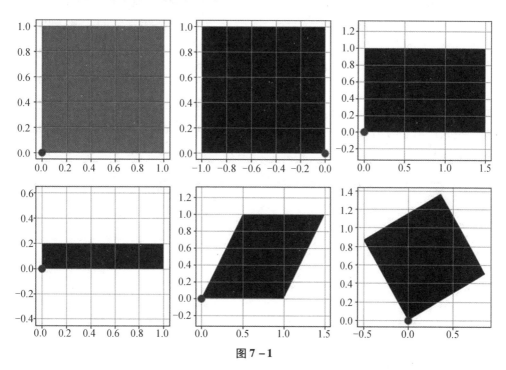

图 7 – 1

# 7.2 经济管理案例（投入与产出）

某地有三个企业：一个煤矿、一个发电厂和一条铁路。开采 1 元钱的煤，煤矿要支付 0.35 元的电费和 0.35 元的运输费；生产 1 元钱的电力，发电厂要支付 0.75 元的煤费、0.05 元的电费和 0.15 元的运输费；创收 1 元钱的运输费，铁路要支付 0.65 元的煤费和 0.20 元的电费，在某一周内煤矿接到外地金额 60 000 元订货，发电厂接到外地金额 35 000 元订货，外界对地方铁路没有需求。三个企业各创造多少新价值？

**解：**设 $x_1$ 为本周内煤矿总产值，$x_2$ 为电厂总产值，$x_3$ 为铁路总产值，则

$$\begin{cases} x_1 - (0x_1 + 0.75x_2 + 0.65x_3) = 60\ 000 \\ x_2 - (0.35x_1 + 0.05x_2 + 0.20x_3) = 35\ 000 \\ x_3 - (0.35x_1 + 0.15x_2 + 0x_3) = 0 \end{cases}$$

设产出向量为 $\boldsymbol{X} = \begin{bmatrix} x_1 \\ x_2 \\ x_3 \end{bmatrix}$，外界需求向量为 $\boldsymbol{D} = \begin{bmatrix} 60\ 000 \\ 35\ 000 \\ 0 \end{bmatrix}$，直接消耗矩阵为

$$\boldsymbol{C} = \begin{bmatrix} 0 & 0.75 & 0.65 \\ 0.35 & 0.05 & 0.20 \\ 0.35 & 0.15 & 0 \end{bmatrix}$$

则原方程为 $(\boldsymbol{E} - \boldsymbol{C})\boldsymbol{X} = \boldsymbol{D}$，其中 $\boldsymbol{E}$ 为单位矩阵，由此可解得产出向量 $\boldsymbol{X}$。

投入产出矩阵为 $\boldsymbol{B} = \boldsymbol{C} \cdot \text{diag}(\boldsymbol{X})$，总投入向量 $\boldsymbol{Y} = \begin{bmatrix} 1 & 1 & 1 \end{bmatrix} \boldsymbol{B}$，创造新价值向量为 $\boldsymbol{F} = \boldsymbol{X} - \boldsymbol{Y}$。

```
[273]: import numpy as np
       from scipy import linalg
       C = np.array([[0,0.75,0.65],[0.35,0.05,0.20],[0.35,0.15,0]])
       D = np.array([60000,35000,0])
       E = np.eye(3,3)
       X = linalg.inv(E - C)@D
       B = C@np.diag(X)
       Y = np.ones((1,3))@B
       F = X - Y
       np.round(F)
```

[273]: array([[71765., 7363., 15872.]])

# 7.3 代数插值与数据拟合

分别用三次多项式拟合和四次多项式插值表 7 - 1 中的数据，并作出图形。

表 7 - 1 数据

| $x_i$ | 0 | 0.002 | 0.004 | 0.006 | 0.008 |
|---|---|---|---|---|---|
| $y_i$ | 0 | 0.618 | 1.5756 | 1.618 | 1.9021 |

[274]:
```python
# 三次多项式拟合(运用解方程组方法求得)
import numpy as np
from scipy import linalg
from matplotlib import pyplot as plt
plt.rcParams["font.family"] = "SimHei"
plt.rcParams['axes.unicode_minus'] = False  # 正确显示坐标轴上的负号
a = np.array([0,0.002,0.004,0.006,0.008])
A = np.vander(a,N=4,increasing=True)
b = np.array([0,0.618,1.5756,1.618,1.9021])
x1 = linalg.lstsq(A,b)
x = x1[0][::-1]  # 列表顺序翻转
y = np.poly1d(x)
print('三次拟合多项式为:\n',y)
xx = np.linspace(-0.001,0.01,200)
yy = y(xx)
fig = plt.figure(1,figsize=(8,6))
ax = plt.gca()
ax.plot(xx,yy,'g',label='三次拟合多项式')
ax.plot(a,b,'r*',label='已知数据')
ax.legend()
plt.show()
```

三次拟合多项式为：

$$-1.02\mathrm{e}+06\ x^3 - 1.603\mathrm{e}+04\ x^2 + 431.3\ x - 0.03445$$

拟合结果如图 7 − 2 所示。

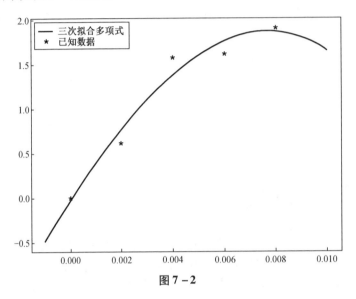

图 7 − 2

```
[275]: # 用四次多项式插值(运用解方程组方法求得)
       import numpy as np
       from scipy import linalg
       from matplotlib import pyplot as plt
       plt.rcParams["font.family"] = "SimHei"
       a = np.array([0,0.002,0.004,0.006,0.008])
       A = np.vander(a,increasing = True)
       b = np.array([0,0.618,1.5756,1.618,1.9021])
       x = linalg.solve(A,b)
       x = x[::-1]    # 列表顺序翻转
       y = np.poly1d(x)
       print('四次插值多项式为:\n',y)
       xx = np.linspace(-0.001,0.01,200)
       yy = y(xx)
       fig = plt.figure(figsize = (8,6))
       ax = plt.gca()
```

```
ax. plot(xx,yy,label = '四次插值多项式')
ax. plot(a,b,'r * ',label = '已知数据')
ax. legend( )
plt. show( )
```

四次插值多项式为:

$$6.28e + 09 \; x^4 \; - \; 1.015e + 08 \; x^3 \; + \; 4.756e + 05 \; x^2 \; - \; 286.5 \; x$$

插值结果如图 7 - 3 所示。

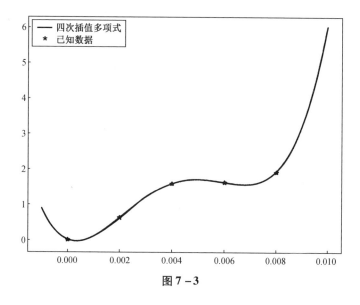

图 7 - 3

```
[276]: import numpy as np
       from scipy import linalg
       from matplotlib import pyplot as plt
       plt. rcParams["font. family"] = "SimHei" # 显示中文字体
       plt. rcParams['axes. unicode_minus'] = False   # 正确显示坐标轴上的负号
       a  = np. array([0,0.002,0.004,0.006,0.008])
       A1  = np. vander(a,increasing = True)
       b1  = np. array([0,0.618,1.2756,1.618,1.9021])
       x1  = linalg. solve(A1,b1)
       x1  = x1[ :: -1]   # 列表顺序翻转
       y4  = np. poly1d(x1)
```

```
xx = np. linspace( -0.001,0.01,200)
yy4 = y4(xx)
###################################################
A = np. vander(a,N = 4,increasing = True)
b = np. array([0,0.618,1.2756,1.618,1.9021])
x2 = linalg. lstsq(A,b)
x2 = x2[0][ :: -1]   # 列表顺序翻转
y3 = np. poly1d(x2)
yy3 = y3(xx)
###################################################
fig = plt. figure(figsize = (8,6))
ax = plt. subplot()
ax. plot(xx,yy4,label = '四次插值多项式')
ax. plot(a,b,'r * ',label = '已知数据')
ax. plot(xx,yy3,label = '三次拟合多项式')
ax. legend()
ax. set_title('插值与拟合的区别')
plt. show()
```

插值与拟合的区别如图 7 - 4 所示。

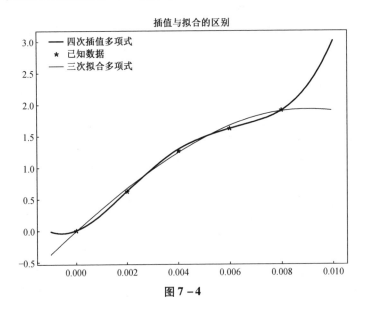

图 7 - 4

# 第8章 综合练习

**题目1:** 天文学家要确定一颗小行星绕太阳运行的轨道,在轨道平面内建立以太阳为原点的直角坐标系,在两坐标轴上取天文测量单位(一天文测量单位为地球到太阳的平均距离:9 300 km)。在 5 个不同的时间点对小行星做了观察,测得轨道上 5 个点的坐标数据如表 8 − 1 所示。

表 8 − 1　轨道上 5 个点的坐标数据

| $x$ | 4.5596 | 5.0816 | 5.5546 | 5.9636 | 6.2756 |
|---|---|---|---|---|---|
| $y$ | 0.8145 | 1.3685 | 1.9895 | 2.6925 | 3.5265 |

由开普勒第一定律知,小行星轨道为一椭圆。设方程为
$$a_1 x^2 + 2a_2 xy + a_3 y^2 + 2a_4 x + 2a_5 y + 1 = 0$$

使确定椭圆的方程在轨道的平面内以太阳为原点绘出椭圆曲线,并应用坐标平移变换和正交变换将题目 1 中的二次曲线方程化为标准方程,绘图样轨道图,完成小行星运行的动态模拟。

**题目2:** 用表 8 − 2 中数据表示一个"A"形状的刚体。

表 8 − 2　数据

| $x$ | 0 | 4 | 6 | 10 | 8 | 5 | 3.5 | 6.1 | 6.5 | 3.2 | 2 | 0 |
|---|---|---|---|---|---|---|---|---|---|---|---|---|
| $y$ | 0 | 14 | 14 | 0 | 0 | 11 | 6 | 6 | 4.5 | 4.5 | 0 | 0 |

利用线性变换,对该刚体进行以下平面运动。
(1)先向上移动 15,再向左移动 30;
(2)先逆时针转动 90°,再向上移动 30,然后向右移动 20;
(3)先向上移动 30,再向右移动 20,然后逆时针转动 90°。

**题目 3：**如图 8-1 所示的大写字母 N 由 8 个点确定，这些点的坐标存储在一个数据矩阵 **D** 中

$$\begin{array}{ccccccccc}
\text{顶点} & 1 & 2 & 3 & 4 & 5 & 6 & 7 & 8 \\
x\text{ 坐标} & \begin{pmatrix} 0 & 0.5 & 0.5 & 6 & 6 & 5.5 & 5.5 & 0 \\
y\text{ 坐标} & 0 & 0 & 6.42 & 0 & 8 & 8 & 1.58 & 8 \\
& 1 & 1 & 1 & 1 & 1 & 1 & 1 & 1 \end{pmatrix}
\end{array}$$

对这样的 N 可用矩阵 $\begin{pmatrix} 1 & 0.5 & 0 \\ 0 & 1 & 0 \\ 0 & 0 & 1 \end{pmatrix}$ 做错切变换可得斜体 $N$。

**图 8-1**

**实验任务：**

大写字母 E,F,H,I,K,M,W 等也可以像 N 那样作为线框对象存储，从这 7 个字母中选择一个作为实验对象，完成下列实验任务。

（1）写出实验对象（你所选择的字母）的存储矩阵（用齐次坐标）；

（2）把实验对象变成斜体并放大 2 倍，说明你是如何实现的，并把效果图拷贝到实验报告中；

（3）使用齐次坐标把实验对象旋转 45°，写出相应的矩阵，并把效果图拷贝到实验报告中。

**题目 4：**用最简单的语句生成以下矩阵，并按 $m=3, n=5$ 写出其 Python 语句进行校验。

$$(a)\ \boldsymbol{M} = \begin{bmatrix} a_1 & a_1 & \cdots & a_1 \\ a_2 & a_2 & \cdots & a_2 \\ \vdots & \vdots & & \vdots \\ a_m & a_m & \cdots & a_m \end{bmatrix}_{\underbrace{\quad}_{n}}; \quad (b)\ \boldsymbol{M} = \begin{bmatrix} a_1 & 2a_1 & \cdots & na_1 \\ a_2 & 2a_2 & \cdots & na_2 \\ \vdots & \vdots & & \vdots \\ a_m & 2a_m & \cdots & na_m \end{bmatrix}_{\underbrace{\quad}_{n}};$$

$$(c)\ \boldsymbol{M} = \begin{bmatrix} a_1 & 2a_1^2 & \cdots & a_1^n \\ a_2 & 2a_2^2 & \cdots & a_2^n \\ \vdots & \vdots & & \vdots \\ a_m & a_m^2 & \cdots & a_m^n \end{bmatrix}_{\underbrace{\quad}_{n}}; \quad (d)\ \boldsymbol{M} = \begin{bmatrix} W^{0\times0} & W^{0\times1} & \cdots & W^{0\times n} \\ W^{1\times0} & W^{1\times1} & \cdots & W^{1\times n} \\ \vdots & \vdots & & \vdots \\ W^{m\times0} & W^{m\times1} & \cdots & W^{m\times n} \end{bmatrix};$$

$$(e) \boldsymbol{M} = \begin{bmatrix} a_1 & a_2 & \cdots & a_n \\ a_1^2 & a_2^2 & \cdots & a_n^2 \\ \vdots & \vdots & & \vdots \\ a_1^m & a_2^m & \cdots & a_n^m \end{bmatrix}。$$

**题目 5**：某控制系统的框图如图 8 - 2 所示，列出它的标量方程组如下：

$$x_1 = G_1(u - x_4)$$

$$x_2 = G_2(x_1 - x_5)$$

$$x_3 = G_3 x_2$$

$$x_4 = G_4 x_2$$

$$x_5 = G_5 x_3$$

（a）列出形为 $\boldsymbol{X} = \boldsymbol{QX} + \boldsymbol{PU}$ 的矩阵方程；

（b）若 $u$ 给定，试求出 $x_1, x_2, x_3, x_4, x_5$ 用 $u$ 的表示式。

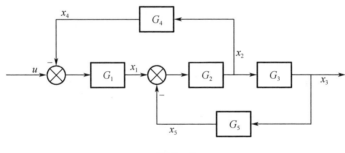

图 8 - 2

**题目 6**：设已测出某工件圆截面周围 8 点的 $x$，$y$ 坐标如表 8 - 3 所示，问：

（a）此工件的圆心坐标和半径各为多少？（列表到小数点后四位）

（b）各点到拟合圆周的距离（即误差）均方值是多少？

（c）画出拟合圆的图形，并画出各测试点和圆心的位置。

表 8 - 3　8 个测量点的坐标

| $x$ | $y$ |
| --- | --- |
| 3. 18 | 4. 14 |
| 2. 61 | 0. 03 |
| - 0. 66 | 3. 32 |
| 3. 48 | 0. 70 |
| 1. 34 | - 0. 19 |
| 0. 63 | - 0. 01 |
| 0. 17 | 4. 30 |
| 2. 82 | 4. 40 |

**题目7：**一个三角形三个顶点的初始坐标为$(-1,1),(1,1),(0,2)$，现在要把它移动到$(2,3),(2,5),(1,4)$的位置上，问：

（a）应该用什么样的线性变换矩阵通过矩阵乘法来实现？

（b）如果希望通过$K$次连续的小变换来完成，问这样的小变换矩阵具备什么形式？

（c）画出相应的图形和连续变化的动画。

**题目8：**给出空间三个点的坐标如表8-4所示，问：

（a）由前三点决定的平面的方程具有何种形式？该平面的法线的三个方向余弦为多大？

（b）由原点引一根法线到该平面，试求该法线到该平面的垂足坐标，并求出该法线的长度。

（c）画出该平面，该三个点及垂足以及该法线三维图。

表8-4　三个点的坐标

| 坐标 | 点1 | 点2 | 点3 |
|---|---|---|---|
| $x$ | $-2$ | 5 | 0 |
| $y$ | 0 | 1 | $-2$ |
| $z$ | $-5$ | $-1$ | $-1$ |

**题目9：**某厂生产的一种电器的销售量$y$与竞争对手的价格$x_1$和本厂的价格$x_2$有关。表8-5是该商品在10个城市的销售记录。试根据这些数据建立$y$与$x_1$和$x_2$的关系式，对得到的模型和系数进行检验。若某市本厂产品售价为160元，竞争对手售价为170元，预测商品在该市的销售量。

表8-5　销售记录

| $x_1$/元 | 120 | 140 | 190 | 130 | 155 | 175 | 125 | 145 | 180 | 150 |
|---|---|---|---|---|---|---|---|---|---|---|
| $x_2$/元 | 100 | 110 | 90 | 150 | 210 | 150 | 250 | 270 | 300 | 250 |
| $y$/个 | 102 | 100 | 120 | 77 | 46 | 93 | 26 | 69 | 65 | 85 |

**题目10：**价格指数是反映价格水平总体变化的一种统计指数，经常被用以监

测宏观经济中物价的波动形势。2006 年 1—6 月我国企业商品价格指数的统计数据如表 8 –6 所示。试建立多元线性回归模型：$y = \beta_0 + \beta_1 x_1 + \beta_2 x_2$，并估计回归系数 $\beta_0$、$\beta_1$ 和 $\beta_2$。若又知 2006 年 7 月农产品价格指数为 101，矿产品价格指数为 111，试用上述关系预测 2006 年 7 月的价格总指数。

表 8 –6　2006 年 1— 6 月我国企业商品价格指数的统计数据

| 日期 | 总指数 $y$ | 农产品 $x_1$ | 矿产品 $x_2$ |
| --- | --- | --- | --- |
| 2006 年 1 月 | 101.1 | 101.3 | 105.6 |
| 2006 年 2 月 | 100.7 | 100.0 | 109.0 |
| 2006 年 3 月 | 100.8 | 101.0 | 107.9 |
| 2006 年 4 月 | 101.0 | 101.2 | 107.6 |
| 2006 年 5 月 | 101.5 | 100.8 | 108.9 |
| 2006 年 6 月 | 102.3 | 102.7 | 110.6 |

# 参 考 文 献

［1］张若愚. Python 科学计算［M］. 2 版. 北京：清华大学出版社，2016.

［2］努内兹－伊格莱西亚斯，范德瓦尔特，达士诺. Python 科学计算最佳实践：SciPy 指南［M］. 陈光欣，译. 北京：人民邮电出版社，2019.

［3］斯图尔特. Python 科学计算［M］. 江红，余青松，译. 北京：机械工业出版社，2019.

［4］福勒，索利姆，维迪尔. Python 3.0 科学计算指南［M］. 王威，译. 北京：人民邮电出版社，2019.

［5］DAVID C L. 线性代数及其应用［M］. 3 版修订版. 沈复兴，傅莺莺，莫单玉，等译. 北京：人民邮电出版社，2007.

［6］王锋，陈林珠. 线性代数［M］. 哈尔滨：哈尔滨工程大学出版社，2005.

［7］范崇金，王锋. 线性代数［M］. 哈尔滨：哈尔滨工程大学出版社，2008.

［8］范崇金，王锋. 线性代数与空间解析几何［M］. 北京：高等教育出版社，2016.